国家自然科学基金面上项目

准噶尔盆地　　　　实践系列丛书

玛湖凹陷百口泉组粗粒三角洲
成因机制与展布规律

The Sedimentary Genesis and Distribution of the Coarse-grained Delta of Baikouquan Formation, Mahu Depression

邵　雨　李学义　于兴河　瞿建华　阿布力米提·依明　鲍海娟 等　著

科学出版社
北　京

内 容 简 介

本书以详细写实性岩心精细描述、实验测试、测井及地震资料综合分析为基础，以沉积背景、沉积特征、成因类型及展布规律综合研究为主线，以扇三角洲的成因机制为重点，以砾岩结构-成因类型为核心，对百口泉组砾岩进行深入研究。理清了百口泉组大型粗粒扇三角洲的形成机制，总结了砾岩沉积特征，提出了砾岩结构-成因分类，建立了砾岩沉积模式，明确了扇三角洲演化规律与展布特征。

本书可供从事油气勘探的科研工作者、技术管理人员及高等院校师生科研和教学时参考使用。

图书在版编目(CIP)数据

玛湖凹陷百口泉组粗粒三角洲成因机制与展布规律＝The Sedimentary Genesis and Distribution of the Coarse-grained Delta of Baikouquan Formation，Mahu Depression/邵雨等著. —北京：科学出版社，2017
　ISBN 978-7-03-050374-9
(准噶尔盆地勘探理论与实践系列丛书)

Ⅰ.①玛⋯　Ⅱ.①邵⋯　Ⅲ.①准噶尔盆地-粗粒-三角洲-成因②准噶尔盆地-粗粒-三角洲-展布规律　Ⅳ.①P548.245

中国版本图书馆 CIP 数据核字(2016)第 259585 号

责任编辑：万群霞／责任校对：蒋　萍
责任印制：徐晓晨／封面设计：无极书装

科 学 出 版 社 出版
北京东黄城根北街 16 号
邮政编码：100717
http://www.sciencep.com

北京建宏印刷有限公司 印刷
科学出版社发行　各地新华书店经销
*
2017 年 1 月第 一 版　开本：787×1092 1/16
2019 年 10 月第二次印刷　印张：15
字数：354 000
定价：198.00 元
(如有印装质量问题，我社负责调换)

本书作者名单

邵　雨　李学义　于兴河

瞿建华　阿布力米提·依明

鲍海娟　陶亲娥　姚爱国

序

准噶尔盆地位于我国西部,行政区划属新疆维吾尔自治区(简称新疆)。盆地西北为准噶尔界山,东北为阿尔泰山,南部为北天山,是一个略呈三角形的封闭式内陆盆地,东西长为700km,南北宽为370km,面积为$13\times10^4km^2$。盆地腹部为古尔班通古特沙漠,面积占盆地总面积的36.9%。

1955年10月29日,克拉玛依黑油山1号井喷出高产油气流,宣告了克拉玛依油田的诞生,从此揭开了新疆石油工业发展的序幕。1958年7月25日,世界上唯一一座以油田命名的城市——克拉玛依市诞生了。1960年,克拉玛依油田原油产量达到166×10^4t,占当年全国原油产量的40%,成为新中国成立后发现的第一个大油田。2002年原油年产量突破1000×10^4t,成为我国西部第一个千万吨级大油田。

准噶尔盆地蕴藏丰富的油气资源。油气总资源量为107×10^8t,是我国陆上油气资源超过100×10^8t的四大含油气盆地之一。虽然经过半个多世纪的勘探开发,但截至2012年年底,石油探明程度仅为26.26%,天然气探明程度仅为8.51%,均处于含油气盆地油气勘探阶段的早中期,预示着准噶尔盆地具有巨大的油气资源和勘探开发潜力。

准噶尔盆地是一个具有复合叠加特征的大型含油气盆地。盆地自晚古生代至第四纪经历了海西、印支、燕山、喜马拉雅等构造运动。其中,晚海西期是盆地拗隆构造格局形成、演化的时期,印支—燕山运动进一步叠加和改造,喜马拉雅运动重点作用于盆地南缘。多旋回的构造发展在盆地中造成多期活动、类型多样的构造组合。

准噶尔盆地沉积总厚度可达15000m。石炭系—二叠系被认为是由海相到陆相的过渡地层,中、新生界则属于纯陆相沉积。盆地发育了石炭系、二叠系、三叠系、侏罗系、白垩系和古近系六套烃源岩,分布于盆地不同的凹陷,它们为准噶尔盆地奠定了丰富的油气源物质基础。

纵观准噶尔盆地整个勘探历程,储量增长的高峰大致可分为准噶尔西北缘深化勘探阶段(20世纪70~80年代)、准噶尔东部快速发现阶段(20世纪80~90年代)、准噶尔腹部高效勘探阶段(20世纪90年代至21世纪初期)、准噶尔西北缘滚动勘探阶段(21世纪初期至今)。不难看出,勘探方向和目标的转移反映了地质认识的不断深化和勘探技术的日臻成熟。

正是由于几代石油地质工作者的不懈努力和执着追求,使准噶尔盆地在经历了半个多世纪的勘探开发后,仍显示出勃勃生机,油气储量和产量连续29年稳中有升,为我国石油工业发展做出了积极贡献。

在充分肯定和乐观评价准噶尔盆地油气资源和勘探开发前景的同时,必须清醒地看到,由于准噶尔盆地石油地质条件的复杂性和特殊性,随着勘探程度的不断提高,勘探目标多呈"低、深、隐、难"特点,勘探难度不断加大,勘探效益逐年下降。巨大的剩余油气资源分布和赋存于何处,是目前盆地油气勘探研究的热点和焦点。

由中国石油新疆油田分公司(以下简称新疆油田分公司)组织编写的《准噶尔盆地勘探理论与实践系列丛书》历经近两年时间的终于面世。这是由油田自己的科技人员编写出版的一套专著类丛书,这充分表明我们不仅在半个多世纪的勘探开发实践中取得了一系列重大的成果,积累了丰富的经验,而且在准噶尔盆地油气勘探开发理论和技术总结方面有了长足的进步,理论和实践的结合必将更好地推动准噶尔盆地勘探开发事业的进步。

该系列专著汇集了几代石油勘探开发科技工作者的成果和智慧,也彰显了当代年轻地质工作者的厚积薄发和聪明才智。希望今后能有更多高水平的、反映准噶尔盆地特色的地质理论专著出版。

"路漫漫其修远兮,吾将上下而求索"。希望从事准噶尔盆地油气勘探开发的科技工作者勤于耕耘、勇于创新、精于钻研、甘于奉献,为"十二五"新疆油田的加快发展和"新疆大庆"的战略实施做出新的更大的贡献。

新疆油田分公司总经理

2012 年 11 月

前　言

　　岩性油气藏是我国当前与未来的重要油气勘探领域之一,而砾岩岩性油气藏作为其重要的组成部分,近年来不断受学术界和工业界的重视。准噶尔盆地自20世纪五十年代西北缘断裂带发现三叠系、侏罗系砾岩油气藏开始,对砾岩的研究一直没有中断。20世纪80年代,张纪易(1980,1985)在现代冲积扇和克拉玛依油田三叠系冲积扇砾岩研究的基础上,提出了粗碎屑冲积扇的划分系统,建立了冲积扇模式。王金铎等(1998)还在此基础上对陡坡带砂砾岩扇体的沉积模式及地震识别特征进行了总结,在这些理论的指导下,经过二十余年的勘探与开发,建成了克拉玛依-乌尔禾砾岩百里大油区,截止目前累计石油探明地质储量$8.9×10^8$t,生产原油$1.3×10^8$t。

　　然而,西北缘断裂带经过半个多世纪的持续勘探,大规模的发现逐年减少。为此,新疆油田分公司提出"跳出断裂带、走向斜坡区"的勘探思路,主攻领域由断裂带向玛湖凹陷斜坡区转移。随着近年来对玛湖凹陷勘探认识的不断提高,新疆油田分公司在三叠系百口泉组油气勘探取得了显著的效果。自2012年以来,依据"整体部署、甩开勘探"的方针,相继落实了玛131井、玛湖1井、玛18井、风南4井、艾湖2井、达13井等多个规模效益储量区块,五年累计提交三级储量$3.16×10^8$t。

　　目前,玛湖凹陷百口泉组发现的油藏均为砾岩油藏,其与断裂带发现的砾岩油藏存在明显的差异。非传统的冲积扇与陡坡扇三角洲模式能够解释这一差异,其岩相划分、结构-成因类型、沉积体系及有利储集体预测等方面还存在许多亟待理清的问题。为此,对玛湖凹陷百口泉组进行了层序地层划分,建立等时地层格架,确立沉积体系的研究单元;开展砾岩岩相与结构-成因类型研究,判别不同岩相形成机制,明确砾岩储层物性控制因素,实现储层测井评价及分类表征,通过对沉积相精细解剖,明确沉积体系的类型与分布顾虑,并综合物探技术进行扇体刻画及有利储集体预测。该套研究思路与方法有效地支撑了玛湖凹陷砾岩勘探实践,并对其他断陷盆地砾岩油气藏的勘探具有重要的借鉴作用。

　　全书共7章:第1章主要讲述国内外砾岩油藏研究现状及砾岩与砂岩的沉积差异;第2章重点分析玛湖凹陷构造演化及其对沉积的控制作用,同时对地层发育特点进行详细论述;第3章从物源、古地貌、古气候方向探究其对百口泉组砾岩沉积的具体控制作用;第4章通过井震结合对百口泉组进行层序地层划分,建立等时地层格架;第5章通过对玛湖凹陷百口泉组取心井岩心观察及统计分析,对砾岩岩相进行总结分类;建立扇三角洲动力学模式,对砾岩类型进行成因划分,并对砾岩储层进行分类评价;第6章通过单井沉积相、连井沉积相对比,明确百口泉组沉积体系的平面展布规律;第7章在前几章研究的基础上,进一步明确了有利相带展布。

本书在编撰过程中,克拉玛依市及新疆油田分公司油田党委书记陈新发欣然为本书作序,新疆油田分公司勘探开发研究院勘探所玛湖斜坡项目组提供了大量研究资料并参与了部分编撰工作,同时还得到了新疆油田分公司勘探开发研究院总地质师唐勇、储层专家常秋生等的悉心指导,在此一并表示衷心的感谢!最后,特别感谢我们团队的许多研究人员、家属及于兴河教授的多位学生,他们在繁忙之余为本书的撰写与修改提供了很大的支持,表现出了极大的耐心和热情。笔者对他们的感激之情,绝不是"谢谢"二字所能涵盖的,在此由衷地向他们说声:"你们辛苦了!"

限于准噶尔盆地玛湖凹陷砾岩储层与沉积的复杂性和研究总结的局限性,书中定会存在某些局限和不足之处,敬请专家和广大读者提出宝贵意见。

作 者

2016 年 6 月

目　　录

绪 论 第1章

随着我国主要含油气盆地的勘探程度越来越高,陆上油气勘探已进入岩性地层油气藏与构造油气藏勘探并重的新阶段(曹颖辉等,2002;袁选俊等,2003;贾承造等,2008;赵文智等,2013)。岩性油气藏是今后相当长一个时期内我国陆上最现实、最有潜力、最具普遍性的油气勘探领域。随着石油勘探开发技术的发展,在断陷湖盆边部发现了越来越多的砾岩体油气藏,相关研究也越来越受重视。而这种砾岩体油气藏埋藏深,岩相、物性变化大,地质条件复杂,不同期次的砾岩体叠置,地震响应复杂、规律性差,使该类油气藏隐蔽性高、储层描述和预测困难,成为世界性的技术难题。粗粒扇三角洲往往具有近物源、岩性变化快、形成期次多、扇体平面展布大、砂体叠置关系复杂等特点,导致其成藏机理复杂、储层性质难以表征、油气藏预测难度较大。

1.1 砾岩沉积研究历程

在陆相盆地中,碎屑岩沉积特别是砾岩沉积的特征往往能很好地反映沉积盆地的古环境与构造演化特征,恢复岩相古地理环境及准确有效地揭示物源方向,并在很大程度上记录着盆山耦合关系演化的重要信息,由于其特殊的地质意义,一直被国内外地质学者所重视。过去的几十年,随着对河流沉积、山麓沉积、冰川沉积、火山坡沉积、大陆坡沉积以及各种扇体沉积等研究的深入,人们对砾岩沉积的认识和研究也在不断地发展(Birkeland,1968;Boulton,1978;Lucchitta,1978;Siebert et al,1984;Blair,1987;于兴河等,2014)。

加拿大西部亚柏达和不列颠哥伦比亚省深水盆地的白垩纪滨浅海砾岩,作为有利的天然气储层,多位学者对其从层序(Bauer,2003;Clifton,2003;Hart and Plint,2003)、沉积(Schmidt and Pemberton,2004;Zonneveld and Moslow,2004)、露头(Zonneveld and Moslow,2004)、古生物(Maceachern and Hobbs,2004)等方面进行了研究;Rogers(2007)通过对美国堪萨斯州加菲尔德油藏的精细研究,提出了一种新的砾岩油气成藏模式;Krèzsek等(2010)通过对罗马尼亚南部特兰西瓦尼亚盆地古近纪中新统的相组合和沉积演化研究指出,斜坡水道砾岩可以作为有利的油气勘探目标。在国内,早在20世纪80年代,张纪易(1980,1985)在现代冲积扇和克拉玛依油田三叠系冲积扇砾岩研究的基础上,提出了粗碎屑冲积扇的划分系统,建立了冲积扇模式。王宝言和隋风贵(2003)对济阳拗陷断陷湖盆陡坡带砂砾岩体进行了分类及平面展布规律研究;隋风贵(2003)研究了断陷湖盆陡坡带砂砾岩扇体成藏动力学特征;王金铎和于建国(1998)在此基础上对陡坡带砂砾岩扇体的沉积模式及地震识别特征进行了总结。另外,陡坡带砂砾岩扇体油气成藏特征一直是石油地质学者研究的重点,当前已在济阳拗陷陡坡砂砾岩含油气扇体油气勘探经验、技术与方法进行了大量研究(姜素华等,2003;王宝言和隋风贵,2003)。济阳拗陷湖盆砂砾岩隐蔽油藏勘探取得了显著的效果,共发现 91 个砂砾岩隐蔽油藏,地质储量为 $2.35×10^8$ t,已产油 $288×10^4$ t(潘元林等,2003),其中东营凹陷北部陡坡带砂砾岩扇体早期以兼探为主,随着新技术的不断应用,逐渐上升为主探目标,相继发现了一系列不同类型的砂砾岩扇体油气藏,探明了一批优质储层,展现出良好的勘探前景(孔凡仙,2000a,2000b),发现了胜坨、王庄、利津等油田,形成了一定的勘探规模(隋风贵,2003;闫长辉等,2010)。梨树凹陷近年来在下白垩统营城组、沙河子组、登娄库组砂砾岩储层中也发现了良好的油气显示(张丽华等,2012)。准噶尔盆地白垩系底砾岩的相关隐蔽油气藏的发现使得其又成为一个勘探热点,具有良好的勘探前景(方世虎,2006)。廊固凹陷大兴砾岩体为古近系沙三段水下扇群体,其成藏条件优越,具有很大的油气勘探潜力(刘晖等,2012;朱庆忠等,2003;张舒亭和王锋,1998)。

1.2　国内外砾岩研究现状与趋势

多年来砾岩油气藏由于资料、技术、油气丰度等条件的限制并未受到广泛的重视。就我国陆相盆地而言,在常规砂岩储层勘探程度与难度日益增大,并难以取得重大突破的前提下,砾岩油藏的勘探前景就显得更为突出,如何挖潜这类油气藏是当前研究的重点。目前,国内外对砾岩的研究趋势主要表现在以下几个方面。

(1)砾岩碎屑沉积物特征研究,揭示砾岩沉积机理,反映沉积水动力条件。其基本内容包括砾岩岩性、粒度、形态、结构、方向性、岩相等方面。通过对砾岩的岩性进行分析和统计,对各种粒度参数,砾石磨圆度、分选性等特征进行计算和统计,以及对砾石长轴倾向等特征进行综合分析,可得到能够全面反映砾岩的基础岩石学特征的相关数据。在此基础上推测盆地内地质应力与砾石特征之间的相关性与规律性,再现砾岩沉积水动力条件,并结合沉积特征恢复陆相盆地在地质历史时期的古环境。Yagishita(1997)对日本北部古近系野田祖组野外露头砾岩层的岩相及其组合特征进行分析,认为该区为辫状河三角洲沉积,并对砾石的排列方向进行了大量统计分析,从而再现了其沉积水动力特征、古水流方向。朱大岗等(2002)通过对念青地区砾岩层的研究,系统地阐述了该地区不同成因砾岩的来源和搬运方式等,并认为不同砾岩层之间砾性、砾径、砾态存在明显差异,反映了青藏高原在隆升的过程中,对不同深度、不同成因岩石剥蚀作用的差异。王建强等(2011)对鄂尔多斯盆地西南部不同区域的下白垩统宜君组砾岩的成分来源、古水流方向、水动力条件和砾岩成因进行了研究,认为这套砾岩为干旱环境下山麓洪积扇-河流相沉积产物,并结合沉积-构造演化分析进一步得出了渭北隆起的发育时间及推测了原始盆地的沉积南界位置。钱程等(2011)通过综合分析榆社地区底砾岩层在盆地内的分布特征、剖面特征与砾岩组分特征,并结合盆地周围地区的岩性特征,较系统地分析了砾岩沉积的环境、水动力条件及盆地的构造背景、地貌特征等。

（2）砾岩岩石学基本特征研究,揭示砾岩特征与盆地构造运动的内在联系。首先,通过分析砾岩的岩石学特征,主要是通过野外考察、岩心观察描述、室内薄片鉴定,对砾石主要矿物成分和含量、分选性和磨圆度进行研究,重点分析砾岩成分含量变化特征,结合区域地质资料,推测构造运动的时间。揭育金(2003)在对蔡坑地区进行多次调研后,将该地区的原丁屋岭组上段浅灰绿色系碎屑岩组合重新划归南岩组,并认为丁屋岭组下段紫红色粗碎屑岩具有特殊的岩性组合与变质程度,是与福建地质历史上的重要造山运动——加里东运动相关的磨拉石建造,并通过纵向上与晚泥盆世安砂群进行沉积建造的对比,以及区域上与同属加里东运动磨拉石建造的江西东南部中泥盆世灵岩寺组及粤北早泥盆世杨溪组的类比,推测了本套砾岩的形成时代。其次,研究砾岩在陆相盆地中的分布特征,并分析其与构造活动发生的方向和强弱变化规律之间的相互联系,推测砾岩在横向上的沉积环境变化。例如,曾宜君等(2004)对川西前陆盆地南部的中新生代的三套砾岩(五龙沟砾岩、大溪砾岩和大邑砾岩)进行了岩石学特征研究、年代测定及分布规律分析,在横向上与盆地北部的四套砾岩层进行了对比,认为龙门山盆地的南部与北部的抬升运动在新构造活动时期存在明显的差异;分析了龙门山崛起的各个阶段的不同特点及构造运动的变化规律,并在大的区域上,将砾岩的上、下时限与青藏高原特提斯构造演化阶段以及印-欧板块碰撞时限进行对比,推测砾岩可能为后者的间接沉积响应。李小陪等(2013)通过库车前陆盆地中三套砾岩砾石特征、区域分布特征的描述以及对比这三套砾岩所形成的沉积环境变化,阐述了盆地在地质历史上的气候变化规律和砾岩层的成因,并研究了砾岩与构造活动的关系,分别说明了三套不同砾岩所代表的构造活动及意义。

（3）砂砾岩体沉积机理研究,反映砂砾岩扇体特征与成因,探讨扇体形成背景。在断陷湖盆发展的不同历史时期和不同位置,由于古构造特征、湖平面升降变化及古气候等条件的不同,砂砾岩体的沉积类型、形态、展布规模、岩性和物性会有所不同,受上述因素的控制,在陡坡带不同部位分别发育了不同成因类型的砂砾岩体,主要包括冲积扇、近岸水下扇、扇三角洲、陡坡带深水浊积扇和近岸砂体前缘滑塌浊积(表1.1),各种成因砂砾岩体的岩性组合、沉积构造、测井相和地震相特征均有较大差异。刘晖(2011)认为砂砾岩体的成因类型、平面分布及垂向演化明显受到构造(断裂)活动、古气候、湖平面变化三个主要因素的控制:①构造活动控制了凹陷的形态和规模,控制了陡坡带的构造样式,即构造活动控制了陡坡带砂砾岩发育的古地貌背景,进而控制了砂砾岩的类型及平面分布;②古气候的变迁主要影响沉积物的类型,特别是周期性的气候变化与幕式构造运动一起控制了层序体系域的分布及内部构成,在不同时期沉积的砂砾岩体成因类型、发育程度有很大的区别。③湖平面的相对升降主要控制了砂砾岩类型及其垂向演化,从低水位时期到高水位时期,湖盆边缘的砂砾岩体类型逐渐由冲积扇、扇三角洲向近岸水下扇和浊积扇过渡。

表 1.1 砂砾岩扇体特征与成因

扇体类型	成因	岩性组合	沉积构造	测井相	地震相
冲积扇	湖盆发育初期,在干旱气候、古地形高差大、蒸发量大于补给量等条件下,由季节性洪水携带的碎屑沉积物直接快速充填于盆内,整体在水上	粗粒角砾岩、砾岩、含砾砂岩夹紫红色泥岩	大部分杂乱堆积,块状无层理,扇中见粒序层理、交错层理	测井曲线为齿化漏斗形、箱形	向盆方向为楔形,平行盆缘方向为丘形,内部见斜交或发散结构
扇三角洲	在湖盆发育早期和湖盆深陷期,季节性洪流携带碎屑于湖盆陡坡堆积于入湖处,受河流-波浪作用形成,部分在水下	砂砾岩为主,夹泥岩、砂岩	具向上变粗的反旋回特征的各种层理	中低幅漏斗形、箱形或钟形	在剖面上发射外形与冲积扇相似,内部具有不明显的前积结构
近岸水下扇	在湖盆深陷期,由季节性洪流或山地河流所携带的碎屑直接入湖堆积形成,整体位于湖平面之下	砂砾岩、砂岩、泥岩	底部为混杂堆积、中上部为块状砂岩,见各种层理,总体显示向上变细的正粒序	扇根漏斗、箱形,上部扇中钟形	在剖面上发射外形呈楔性或丘形,扇中可见斜交前积和波状结构,扇段连续性较好
深水浊积扇	深陷期洪流在深水底形突变处突然卸载堆积	含砾砂岩、砂岩夹薄层泥岩	具正韵律,可见鲍马序列	齿化的箱形、钟形、低幅的指形	剖面上外形为丘形或透镜状,内部为波状-杂乱结构
滑塌浊积扇	砂体前缘滑塌至深水区再沉积形成	深湖泥岩、砂岩、含砾砂岩	具正韵律,可见粒序层理	中低幅齿化的钟形、箱形	剖面上外形为丘形或透镜状,内部为波状-杂乱结构

1.3 砾岩与砂岩沉积的地质异同

砾岩是沉积岩中碎屑成分粒度最粗的岩石,这就决定了其地质特征与常规砂岩既有较多共性也有很大差别。

在碎屑沉积物粒度特征上,砾岩碎屑颗粒的粒度分布区间很宽,变化范围很大,从细砾岩(2～4mm)到粗砾岩(>256mm)均较为常见。并且即使在同一段砾岩岩心或者手标本中,往往存在多级颗粒支撑和基质支撑的结构,不同粒级的砾石均有可能分布。因此在粒度累积分布曲线上主要表现为多级台阶形或不规则的"厂"字形,而在粒度概率累积曲线上多表现出多段式、宽区间、低斜率的特点。而砂岩粒度跨度区间较窄,变化范围通常较小,以同级颗粒支撑为主,在粒度累积分布曲线上"S"形较为常见,在粒度概率累积曲线上表现多样。砾岩的杂基组分与砂岩亦有较大差别,其杂基的粒度上限值比砂岩的大,通常为细粒的砂、粉砂和黏土物质,与粗粒碎屑同时或大致同时沉积下来,并且砾岩的杂基含量往往高于砂岩。砾岩的岩矿组分通常以岩屑为主,石英、长石等矿物碎屑含量相对于砂岩明显较少。砾岩沉积通常距物源区较近,搬运距离也较近,成分成熟度和结构成熟度均较低,具有近源、快速堆积的特点。

砾岩的沉积构造大多为不明显的大型斜层理和递变层理,由于层理不明显而成块状,层面往往难以分辨。但砾石的排列通常具有较强的规律性,在顺流加积作用下,常见砾石的定向排列,而叠瓦状排列的砾石由于能在强烈水流冲击下保持稳定,亦较为常见。砾岩沉积的搬运机制既有冰川重力流、碎屑流、颗粒流、浊流等重力流机制,也能为牵引流所搬运,其沉积水动力条件明显强于砂岩沉积。

由于陆相砾岩沉积体多形成于快速的、不稳定的、多发的、强水流的冲积扇、扇三角洲、近岸水下扇等环境,故其沉积特征非均质性要比常规砂岩体更为突出。砾岩扇体往往是由多期叠置形成,其横向连续性通常较差,很少出现类似海相沉积体那种相同岩性、大面积连片分布的情况。纵向上砾岩体的厚度变化很大,且与上覆或下伏岩体的连通性往往较差。

1.4 砾岩研究的地质地位与意义

岩性油气藏是我国当前与未来的重要油气勘探领域之一,而砾岩油气藏作为其中重要组成部分,其沉积特征、成岩机理、储层识别方法等方面还存在许多亟待理清的问题。近年来,细粒沉积受到了学术界与工业界的双重持续关注,众多学者正积极尝试建立细粒沉积学(邹才能等,2013,2014),而对粗粒沉积的研究较为滞后甚至被忽略,随着砾岩油气藏的大面积发现,加强对粗粒沉积储层与油气前景的研究投入也迫在眉睫。由于砾岩体具有近物源、厚度大、相变快的特点,以及沉积类型多样、空间展布复杂、非均质性强的储层特征,给砂砾岩储层预测、油气层识别了带来极大的困难。

对砾岩层进行层序地层划分,建立等时地层格架,有利于确立沉积体系展布的研究单元,明确层序不同部位沉积体系的类型与分布。开展砾岩沉积特征的精细研究,有利于判别砾岩的形成机制,发现砾岩与砂岩的沉积特征异同,夯实砾岩储层特征研究的基础,表1.2为砾岩与砂岩沉积特征对比。进行砾岩扇体的精细刻画,开展扇体成因机理研究,有利于理清砾岩沉积体系的剖面、平面及空间展布格局,明确粗粒扇体空间分布的控制因素。通过对砾岩的精细解剖,深化断陷盆地砾岩体的成因、内幕旋回、沉积特征、分布规律的认识,完善砾岩扇体的识别与表征方法,对我国断陷盆地岩性油气藏的勘探具有重要的现实意义。

表 1.2　砾岩与砂岩沉积特征对比

类型	粒度曲线	杂基	岩矿组分	成分/结构成熟度	颗粒结构	沉积构造	水动力条件	非均质性
砾岩	累积曲线为台阶形、"厂"字形；概率曲线多段式、宽区间、低斜率	粒度较大，为砂、粉砂、黏土物质	以岩屑为主	较低	多级颗粒支撑、基质支撑为主	层理不明显、块状为主，可见颗粒定向排列	强水动力、快速堆积	横向连续性差、纵向厚度变化大
砂岩	累积曲线为"S"形、概率曲线表现多样	粒度细，以黏土物质为主	以石英、长石等矿物为主	较高	同级颗粒支撑为主	各种层理广泛发育	相对较弱	可能出现大面积连片分布

准噶尔盆地处于哈萨克斯坦古板块、西伯利亚古板块及塔里木古板块陆缘海的交汇部位,是一个三面被古生代缝合线围绕的二叠—中生代发展起来的大陆板内盆地构造。盆地自石炭纪形成了多个不整合面与构造层,以早二叠世构造格局作为基础,盆地划分为1个冲断带、2个拗陷带、3个隆起带,进一步可划分为多个不同级别的构造单元(图 2.1)(何登发等,2005)。

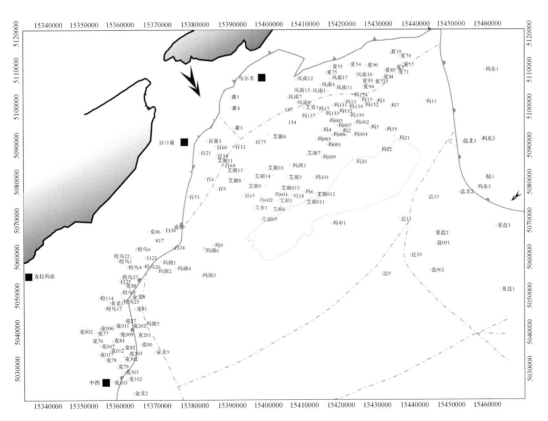

图 2.1　玛湖凹陷区域地理位置与构造区划示意图

2.1 地质概述与勘探历程

2.1.1 地质概述

玛湖凹陷为准噶尔盆地中央拗陷的次级构造单元,位于盆地西北缘,总体呈北东走向,西临克-百断裂带与乌-夏断裂带,西南接中拐凸起,东抵达巴松凸起与夏盐凸起,北达石英滩凸起与英西凹陷(图2.1),东西横跨50km,南北长约100km,面积约为5000km^2。其中,西北缘的克-百断裂带与乌-夏断裂带持续构造活动,直接控制了玛湖凹陷沉积体系发育与分布。

玛湖凹陷下三叠统百口泉组与下伏二叠系为不整合接触,地震剖面上可见清晰的削截反射特征(图2.2)。百口泉组即为上覆于二叠系—三叠系不整合面之上,厚度变化较大的一套粗碎屑沉积。地层由凹陷边缘向中心逐渐增厚,总体厚度在60～350m,斜坡带厚度通常在150m左右,在地震反射剖面上,通常为1～2个反射轴,因而在一定程度上限制了地震资料的精细应用,更多地依靠钻井与岩心资料。百口泉组广泛发育中—粗砾岩,砾岩叠加厚度大,整体呈厚层块状,而块状砾岩多是由多期具韵律变化的砾岩叠加而成。由于百口泉组砾岩泥质含量普遍较高,自然伽马GR曲线对其岩性的响应不明显;同时,由于砾岩储层中有效孔隙储集了油气,因而电阻率在反映了含油气性的同时也与岩性有一定的响应关系(图2.2)。

2.1.2 勘探历程

1955年,准噶尔盆地西北缘黑油山1号井用10mm油嘴试产成功,8.5h内喷出原油6.95t,中华人民共和国第一个大油田——克拉玛依油田就此诞生。1958年,西北缘断裂带北端发现乌尔禾油田,断裂带中部发现百口泉油田,断裂带南端发现红山嘴油田。1980～1983年,在断裂带又相继发现夏子街油田、风城油田、车排子油田。

在西北缘断裂带取得一系列油气发现之后,老一辈勘探家提出了"跳出断裂带,走向斜坡区"的勘探思路,将勘探的方向逐步转向了离烃源灶更近、捕获油气更有利的广大斜坡区。

1989年,新疆石油管理局首次在西北缘斜坡区部署了446井和448井,随后经钻探,446井试油日产25.3t,448井试油日产25.9t,从而发现了含油面积达17.5km^{2}的446井区,指明了在西北缘断裂带东南方向,面积达2600km^{2}的西北缘斜坡区,将是一个充满前景的大油藏。继446井区之后,也是在西北缘斜坡区上,克75井喷出了高产油气流,从而发现了五区南油区。

1991年,新疆石油管理局在西北缘斜坡区玛湖构造带上部署玛2井,在二叠系下乌尔禾组试油,用2.5mm油嘴试产,日产17.5t工业油流;随后,玛4井开钻,在钻到三叠系百口泉组3411～3420m时,气测显示良好,总烃最高达29800ppm[①],又以井壁取心方法,取了4颗壁心,喷照荧光达到100%,呈金黄色,百口泉组表现出极好的油气显示。

---

① 1ppm＝10^{-6}。

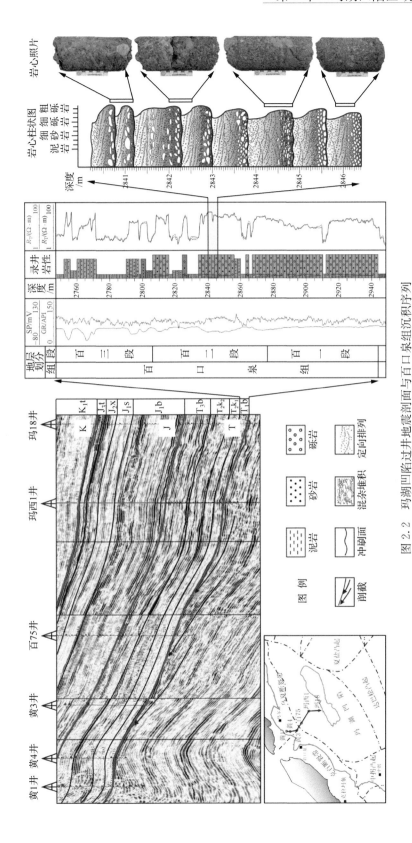

图 2.2 玛湖凹陷过井地震剖面与百口泉组沉积序列

经过多次现场研究、讨论与比对,发现玛 2 井与玛 4 井的测井曲线在百口泉组的可比性很强,科研人员提出了"在玛 2 井百口泉组试油"的新方案。之后,经射孔、压裂后,用 3mm 油嘴试油,玛 2 井三叠系百口泉组获日产原油 30m³、天然气 3000 多 m³ 的工业油气流。

玛 2 井的突破是西北缘斜坡区的重要发现,再一次证明了"跳出断裂带,走向斜坡区"勘探思路的正确性,该成果也被中国石油天然气集团公司确认为 1992 年度的重大油气发现之一。

1993 年,新疆石油管理局"趁热打铁"部署两口预探井——玛 6 井和玛 7 井,其中玛 6 井在三叠系百口泉组获得工业油流。趁着玛 6 井的好势头,新疆石油管理局又部署了 2 口评价井和 5 口预探井,但结果全部失利。

在随后的试采中,玛 6 井的产量低至找不到原始记录,丝毫不具备工业开采价值,玛 7 井也没有出油?而且玛 2 井区地层越向西越复杂,产量也越低。

通过油藏描述研究,玛湖地区最终被确定为:低孔隙、低渗透、非均质、水敏性强的低幅度构造岩性油藏。玛北油田油层埋藏深、特低渗透,开发无效益。于是,从 1995 年开始,新疆石油管理局将勘探重点转向盆地腹部和南缘。

随着压裂、储层改造在规模和技术上的跨越式进步,低渗透储层改造技术使未开发的低孔低渗油藏动用成为可能。新疆油田分公司决定重新认识玛湖凹陷,再做一次新的整体研究。

2010 年 9 月,通过一系列整体研究,新疆油田分公司决定对夏 9 井区—玛北油田之间低勘探程度区实施钻探,部署了玛 13 井,目的层为三叠系百口泉组。在钻揭油层的过程中,在百口泉组发现了"百三段"和"百二段"油层,但油气产量十分低。

2011 年 6 月,在全面分析总结了玛 13 井失利的地质因素后,玛 13 井的评价井——玛 131 井通过论证;2012 年 3 月,玛 131 井在百口泉组二段见良好油气显示,该井采用二级加砂压裂新工艺,首获工业油流,并稳产在日产 8～11m³ 原油。

随后,2012 年 5 月,风险探井玛湖 1 井开钻;2013 年 4 月,玛湖 1 井三叠系百口泉组射孔,未压裂获日产油 48.33m³。玛 131 井和玛湖 1 井的相继出油,标志着玛湖凹陷斜坡区百口泉组油气勘探获得重大突破,拉开了玛湖凹陷斜坡区油气勘探的序幕。

新疆油田分公司专家通过以往钻探的十几口过路井老井复查,根据录井、测井、试油等资料,以及邻井砂体对比,突破了 20 年前玛北油田的油层判别标准,重新制作了新的油层识别图版。

在大量、立体、全面、翔实的数据和论证之后,新疆油田分公司决定优选 8 口井恢复试油,另外,上钻两口新井。2012 年 4 月,为进一步扩大玛 131 井区勘探成果,部署了玛 132 井、玛 133 井以落实百口泉组油气规模。

时隔一个月后,恢复试油的夏 7202 井、风南 4 井 3 层获工业油流,老井获新生;根据老井复查结果和出油气井点情况,又在夏子街前缘断阶区—夏 9 井区部署夏 89 井、风南 4 井区部署夏 90 井。随后,新钻的玛 133 井获工业油流、夏 89 井在百口泉组见良好油气显示。

2013 年 4 月,玛 15 井采用二级加砂压裂工艺获高产工业油流。它的成功,将玛 131

井—夏 72 井区连成了一片"油海",进一步证实了玛北斜坡"大面积含油"成藏模式的正确性。

2013 年 3～7 月,通过预探、评价共同研究主控原因、高压区分布,最终拿出了多套一体化方案;利用体积改造技术,在低孔低渗油气藏压裂中增大储层整体渗透率,提高单井产量,部署的三口水平井(玛 132_H 井、夏 91_H 井、夏 92_H 井)体积压裂获稳产、高产油流,提产均获成功。

2013 年 7 月,在玛湖凹陷西斜坡黄羊泉扇体,玛 18 井未经压裂即获较高产工业油流,随即部署了艾湖 1 井和玛 19 井等。

2013 年 10 月,玛北斜坡在勘探评价一体化的顺利推进下,共提交控制石油地质储量9655 万 t,落实了亿吨级的控制储量。

2014 年 4 月,玛 19 井在三叠系百口泉组试油获得工业油流,进一步证实了环玛湖凹陷斜坡区百口泉组大面积成藏的潜力,随后艾湖 1 井获高压高产油流。

2014 年 9 月,艾湖 011 井、艾湖 013 井、艾湖 6 井又喜获高产油流,从而发现、落实了玛 18 井—艾湖 1 井区亿吨级高效优质储量区块。

由此证明了玛湖凹陷斜坡区为他源扇控大面积成藏模式,多个扇体勘探成果丰硕,初步展现多个亿吨级高效优质储量区块,从玛北斜坡至玛南斜坡全长 90 余公里,展现出了准噶尔盆地西北缘新的大油区。

截至目前,玛湖斜坡区百口泉组已发现有利勘探区面积近 2800km^2,预计总资源量超过 10 亿 t,是克拉玛依油田油气储量与产量的新基地。

2.2　大地构造背景

2.2.1　盆地基底性质

由于盆地周缘露头与盆内钻井均未见前寒武纪结晶基底,因而对准噶尔盆地基底性质的认识不统一,存在多种不同的观点。

(1) 不存在刚性基底,李春昱和汤耀庆(1983)、Tye(1989)提出盆地基底是由与周边古生代造山带相同的古生代地质体构成的古生代洋壳物质,不存在刚性的古老基底。

(2) 洋壳基底,肖序常(1992)认为盆地基底由古生代有限洋盆(小洋盆)、初始洋盆及洋盆沉积褶皱组成,其中可能夹有一些小的古老陆块。

(3) 陆壳基底,韩宝福(2007)、韩宝福等(1998,1999)在研究盆地周缘岩浆岩后指出盆地基底是经受了古生代晚期岩浆活动的强烈改造的陆壳基底。

(4) 前寒武纪结晶基底,彭希龄(1994)、赵文智等(2003)、李丕龙(2010)根据准噶尔盆地重、磁异常特征,以及东准噶尔黄草坡群覆盖下的黑云母花岗岩的单颗粒锆石 U-Pb年龄为 1908Ma 等证据,认为准噶尔盆地存在前寒武纪变质结晶基底。

(5) 双重基底,张耀荣(1982)、赵白(1992a,1992b)、何登发等(2005)提出前寒武纪形成的结晶基底与海西期形成的褶皱基底组成了准噶尔盆地的双重基底。

2.2.2 盆地断裂特征

准噶尔盆地在哈萨克斯坦板块、西伯利亚板块及塔里木板块的多重挤压作用下发生大规模的推覆构造运动,主要发育北西向、北东向、南北向、东西向 4 个断裂系统(何国琦等,1995;宋传春,2006;李丕龙,2010;康玉柱,2011)(图 2.3),这些断裂带由古生代洋盆消减带或构造单元界线演化而来,经历多期构造变形叠加,总体呈逆冲断裂带性质,使盆地周缘造山带逆冲到盆地基底之上(李丕龙,2010)。

图 2.3 准噶尔盆地的断裂体系示意图(李丕龙,2010)

1. 倾向山脉或近直立的主干基底断裂;2. 主要分支断层,黑三角指示断层倾向;3. 盆地边界线;
4. 玛湖凹陷所在位置

这些断裂系统控制着盆地隆起的类型、范围、幅度及发育阶段(何登发等,2005),且表现为多级次的特点,以逆冲断裂为主,仅晚侏罗世发育小规模断裂,活动期次多,其中边缘断裂带为 4 期(刘传虎,2006;李丕龙,2010),组合形式多样,体系类型多,东北缘、西北缘、南缘、腹部断裂受力大小依次降低,盆地边缘及深部以挤压断裂为主。

准噶尔盆地西北缘断裂带是古生代晚期—中生代早期发展起来的大型冲断推覆系统,南自车排子,北至夏子街、红旗坝的大型断裂带由于形成时间、活动方式与受力条件等出现变化,车排子-夏子街断裂带被北西向的横断层分割为构造样式与地质结构截然不同的三段,南段为红山嘴-车排子断裂带,构成车排子断隆的东部逆冲边界;中段为具压扭性质的克拉玛依-百口泉断裂带;北段为具冲断推覆性质的乌尔禾-夏子街断裂带(何登发,2004(b))。

2.2.3　盆地构造演化

由于准噶尔盆地复杂的构造背景,其构造演化过程一直是研究的热点问题,而且众多学者也提出了不同的演化过程(表 2.1)。

表 2.1　准噶尔盆地构造演化过程

地质年代	中国科学院地学部	吴庆福(1986)	尤绮妹等(1992)	赵白(1992a,1992b)	杨文孝等(1995)	陈发景等(2005)	张功成等(1999)	王伟锋(1999)	陈新等(2002)	何登发等(2005)	李丕龙(2010)
第四纪	整体抬升	收缩上隆	山前拗陷	收缩上隆	陆相前陆	压陷盆地	前陆盆地强烈沉降		再生前陆阶段	前陆盆地	压陷盆地
新近纪						克拉通盆地					
古近纪	断-拗转换	断拗-拗陷阶段		拗陷	振荡型陆相盆地		前陆拗陷均衡沉降	陆内俯冲前陆盆地	陆内拗陷	压扭盆地	均衡挠曲盆地
白垩纪			中央隆升								
侏罗纪							前陆拗陷继承发育	陆内拗陷盆地		弱伸展拗陷	扭压挠曲盆地
三叠纪				断拗转换							弱伸展挠曲盆地
二叠纪　晚二叠	拗陷	裂陷	裂谷	断陷	陆相前陆	裂陷盆地	碰撞前陆拗陷	碰撞型前陆盆地	前陆盆地	前陆盆地	裂陷盆地
二叠纪　早二叠	断陷				海相前陆						盆地基底形成阶段
石炭纪											

中国科学院地学部将早二叠世划分为断陷阶段,晚二叠世为拗陷阶段,三叠纪—新近系断拗转换阶段、第四纪整体上升阶段。

吴庆福(1986)将盆地演化划分为 3 个阶段:二叠纪为裂陷,三叠纪—古近纪为拗陷,新近纪以后为收缩上隆阶段。

尤绮妹等(1992)将盆地构造演化划分为 3 个阶段:石炭纪—三叠纪为裂谷阶段,侏罗纪为中央隆升阶段,白垩纪以后为山前拗陷阶段。

赵白(1992a,1992b)认为二叠纪为断陷阶段,三叠纪为断拗阶段,侏罗纪—古近纪为拗陷阶段,新近纪以后为收缩上隆阶段。

杨文孝等(1995)将早二叠世划为海相前陆,晚二叠世为陆相前陆,三叠纪—古近纪为振荡型陆相盆地,新近纪—第四纪再次为陆相前陆盆地。

张功成等(1999)将准噶尔盆地划为 4 个演化阶段,对应于 4 个原型盆地成盆期:晚石炭世—二叠纪的碰撞前陆拗陷发育阶段;三叠纪—中侏罗世前陆拗陷继承发展阶段;③晚侏罗世—古近纪前陆拗陷均衡沉降阶段;新近纪—第四纪前陆盆地强烈沉降阶段。

陈发景(2005)、蔡忠贤和陈发景(2000)认为早期二叠纪为裂陷盆地,中期三叠纪—古近纪为克拉通盆地,晚期新近纪—第四纪为压陷盆地。

王伟锋(1999)将准噶尔盆地划分为:晚石炭世—二叠纪碰撞型前陆盆地阶段、三叠纪—白垩纪陆内拗陷盆地阶段、古近纪的陆内俯冲前陆盆地阶段。

陈新等(2002)将盆地演化划分为 3 个阶段:二叠纪—三叠纪前陆盆地、侏罗纪—古近纪陆内拗陷、新近纪—第四纪再生前陆。

何登发(2005)将晚石炭世—二叠纪划分为前陆盆地、三叠纪弱伸展拗陷盆地、侏罗纪—白垩纪压扭盆地、古近纪之后为前陆盆地。

李丕龙(2010)认为石炭纪—早二叠世为盆地基底形成阶段、晚二叠世为裂陷盆地、三叠纪—侏罗纪为扭压挠曲盆地、白垩纪—古近纪为均衡挠曲盆地、新近纪之后未压陷盆地。

通过以上调研可以发现,大多数观点认为二叠纪为前陆盆地阶段,三叠纪时期为构造活动较弱的拗陷阶段。

2.2.4 玛湖凹陷构造格局

由于受到海西-印支运动的影响,西北缘造山带持续发生南东向逆掩推覆,玛湖凹陷内发育一系列具有调节性质的近东西向走滑断裂,构面陡倾,断距不大。玛湖凹陷在长轴南西-北东向地层剖面上凹陷格局较为清晰,南侧为中拐凸起,北侧为乌-夏断裂段,中部为玛湖凹陷,其中有玛南低凸起与玛北低凸起(图 2.4)。二叠系—三叠系不整合面上下地层格架有较大的差异,其中二叠纪为前陆盆地阶段,玛湖凹陷在该时期挤压深陷;三叠纪之上为拗陷盆地阶段,玛湖凹陷在该时期构造活动较弱,在凹陷内与边缘凸起超覆沉积于不整合面之上。

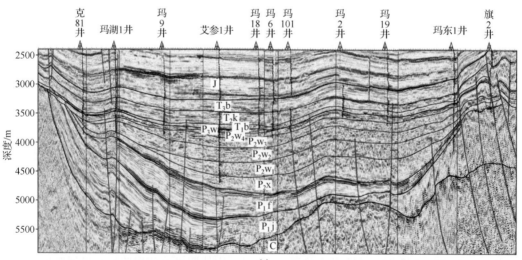

(a)

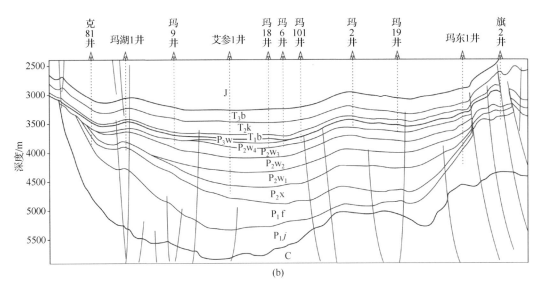

图 2.4 玛湖凹陷长轴方向地层格架

经过晚二叠纪末期的抬升、剥蚀、夷平作用之后,早三叠世时期玛湖凹陷相对平缓,构造也趋于稳定,断裂带的活动相对较弱,隆起区后退,构造应力的影响范围减小。下三叠统超覆在断裂带上盘上正是这种古地貌和古构造背景的沉积响应(冯建伟等,2008)。早、中三叠世的推覆体抬升规模较小,挤压影响的范围也较为局限,晚三叠世晚期西北缘断裂带发生了三叠纪以来最为强烈的一次构造运动,在地震剖面上也有明显的表现(图 2.5)。

在凹陷短轴北西-南东向剖面上,玛湖凹陷构造结构相对简单,表现为南东倾的平缓单斜构造,地层倾角平均为 $2°\sim4°$,局部发育低幅度背斜、鼻状构造及平台(图 2.5)。

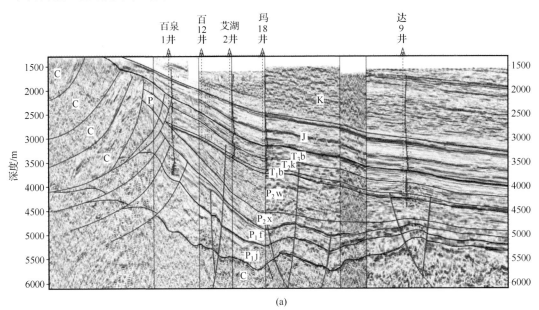

(a)

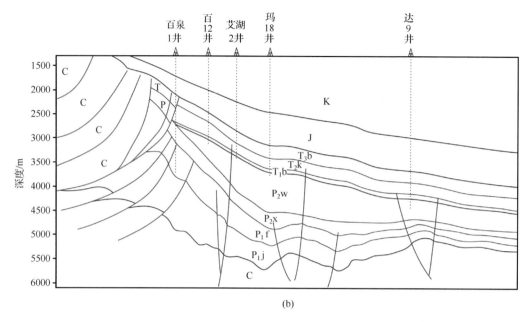

(b)

图 2.5　玛湖凹陷短轴方向地层格架

2.3　区域构造演化

2.3.1　西北缘板块构造演化

野外地质调查结果表明,西准噶尔造山带存在 6 条蛇绿岩带:唐巴勒岩带、玛依勒岩带、达尔布特岩带、洪古勒楞岩带、科克森岩带及巴尔雷克岩带(杨经绥等,1995)。这 6 条不同时期的蛇绿岩带,分别代表了不同时期古亚洲洋的扩张与聚合过程,揭示了板块的开合式旋回运动,分别为:震旦纪—寒武纪、晚寒武世—中奥陶世、晚奥陶世—中晚志留世、晚志留世—早泥盆世、中晚泥盆世—早石炭世(冯建伟等,2008)(图 2.6)。

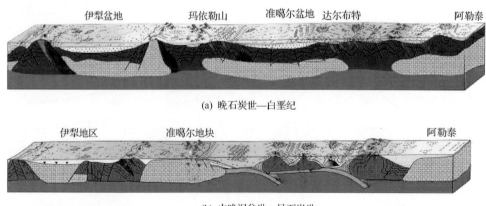

(a) 晚石炭世—白垩纪

(b) 中晚泥盆世—早石炭世

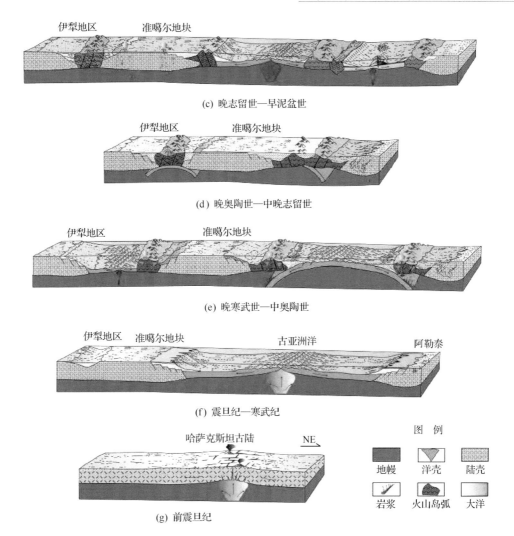

(c) 晚志留世—早泥盆世

(d) 晚奥陶世—中晚志留世

(e) 晚寒武世—中奥陶世

(f) 震旦纪—寒武纪

(g) 前震旦纪

图 例

地幔　洋壳　陆壳

岩浆　火山岛弧　大洋

图 2.6　准噶尔盆西北缘板块构造动力学演化背景(冯建伟等,2008)

(1) 震旦纪—寒武纪为哈萨克斯坦古陆裂解阶段:古陆裂解以后,准噶尔-吐哈地块与西伯利亚板块间有一个近 100km 宽的大洋横亘其间,这是板块之间的第一次开合运动,以洪古勒楞蛇绿岩带为代表(冯建伟等,2008)。

(2) 晚寒武世—中奥陶世为大洋开合交叉进行阶段:这时南部的唐巴勒一带在塔里木板形成陆缘深海槽,中奥陶世深达地幔,形成局部扩张脊的有限扩张小洋盆,并形成中奥陶世唐巴勒蛇绿岩(胡霭琴和王中刚,1997)。

(3) 晚奥陶世—中晚志留世为南部继承性大洋开合阶段:中志留世,继南部唐巴勒地区小洋盆闭合后,在早志留世残留海盆的基础上于准噶尔洋南缘的塔里木地台边缘慢速拉张而成新的小洋盆,并在早—中泥盆世之前闭合,形成玛依勒蛇绿岩带(赵文智等,2001)。

(4) 晚志留世—早泥盆世为北部继承性大洋开合阶段:在北准噶尔-额尔齐斯河南侧的科克森塔乌一线缝合带基础上再次扩张成洋盆,蛇绿岩在科克森塔乌呈岩片状混杂于泥盆系复理石中(赵文智等,2001)。

（5）中晚泥盆世—早石炭世板块活动趋于稳定阶段:中泥盆世早期由于地幔物质上涌导致沿克拉麦里-巴尔雷克-达尔布特一带发生拉张,原先形成的哈萨克斯坦-准噶尔板块重新分离为准噶尔地块和哈萨克斯坦地块,准噶尔地块北部皆为被动大陆边缘,中间出现裂谷。裂谷初期为陆源碎屑沉积至中晚期深及地幔,形成局部扩张脊的小洋盆(以达尔布特蛇绿岩为代表)。

晚泥盆世开始,准噶尔洋壳向西北方向发生俯冲,大洋开始闭合,并于早石炭世晚期闭合,并发生蛇绿岩构造侵位,形成残留海盆,早石炭世中期,准噶尔地块东北缘自西而东,发生与西伯利亚古板块前缘岛弧带之间的碰撞,最终发生陆陆碰撞。之后,大约在早石炭世晚期—晚石炭世初期,准噶尔地块的西北缘与古哈萨克斯坦地块前缘发生碰撞。晚石炭世早期之后,西准噶尔地区基本隆起成陆,海水退至天山北缘乌鲁木齐山前地带,此时西准噶尔地区基本结束了洋壳的发育历史,从此开始了较为稳定的大陆发展阶段(冯建伟,2008)。

2.3.2 三叠纪构造地质背景

1. 陆内挤压拗陷阶段

西北缘断裂带自石炭纪末期以来经历了晚海西运动、印支运动、燕山运动的继承发育,燕山末期最终覆盖定型,构造格局的形成分为 5 个阶段:早二叠纪前陆盆地弱挤压夹短暂松弛伸展阶段、中晚二叠纪前陆盆地前展逆冲-断展褶皱阶段、三叠纪陆内拗陷后展逆冲-断展褶皱阶段、侏罗纪陆内拗陷压张转换阶段和白垩纪以后整体抬升剥蚀阶段(冯建伟,2008)(图 2.7)。

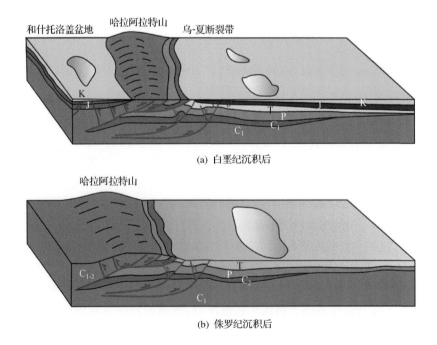

(a) 白垩纪沉积后

(b) 侏罗纪沉积后

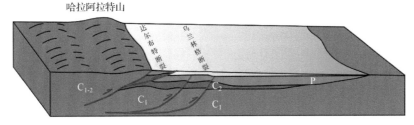

(c) 三叠纪运动后

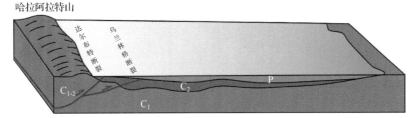

(d) 二叠纪沉积后

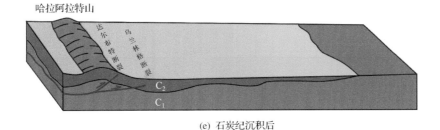

(e) 石炭纪沉积后

图 2.7　准噶尔盆地西北缘构造演化模式(冯建伟等,2008)

　　经过晚二叠世晚期或海西构造期的挤压造山运动,准噶尔盆地基本完成各板块的拼接,区域构造表明,三叠纪构造作用主要为地壳均衡过程中的剥蚀夷平,整个我国西北地区均处于相对稳定的构造阶段,在三叠纪或印支构造期间,总体处于挤压构造环境(赵文智等,2003)。

　　三叠纪时期,在挤压构造背景下,准噶尔西北缘造山带继续隆升,并向盆地俯冲,造成了准噶尔西北缘岩石圈的构造负荷和沉积负荷,产生岩石圈挠曲作用,发生挠曲沉降而形成了准噶尔西北缘挤压拗陷盆地(图 2.8)。

　　在扎伊尔山与哈拉阿拉特山前,在区域不整合之上,直接沉积了挤压盆地早期的扇三角洲等砾岩(李玮,2007)。

　　2. 造山带持续隆升

　　盆地西北缘的冲断推覆断裂体系从西南的车排子起向北东延伸至夏子街、红旗坝一带,长约 250km,主要由红车断裂、克拉玛依断裂、白碱滩断裂、百口泉断裂、夏红北断裂等组成。它是一个北东向展布,北东端、西南两端为逆冲推覆断裂,中部为许多分支断裂,

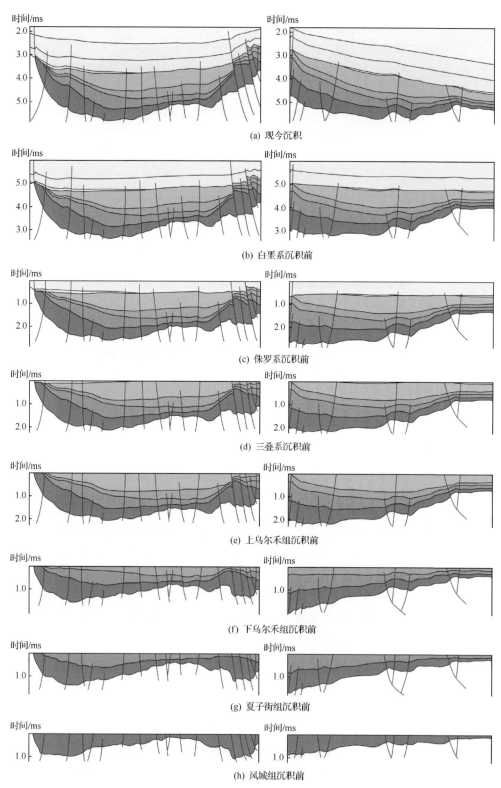

图 2.8　准噶尔盆地玛湖不同时期凹陷构造演化剖面

向盆地内弧形突出,断面向北、北西西倾斜的掩冲褶皱带。断面一般浅层陡倾(60°～70°),深层变缓(30°～40°),呈犁式铲状(颜玉贵,1983)。

西北缘掩冲断褶带为多期活动、继承性发育,由断裂雏形低角度逆断裂-掩冲推覆,最终形成一条完整的掩冲断褶带。晚古生代末期,由于海西运动形成冲断褶皱带,并在其前缘发育前陆盆地,在边缘形成低角度逆断裂。中生代,受印支运动的影响,造山带沿低角度断裂持续向盆地逆掩推覆。新生代,燕山运动早期断裂停止活动,但在百口泉组的西南地区,逆冲断裂在中侏罗世末才停止活动(图 2.9)。可见西北缘造山带从海西运动开始逆冲推覆造山,一直持续到燕山期,进而在较长地质时期内对本区沉积体系的发育起到控制作用。

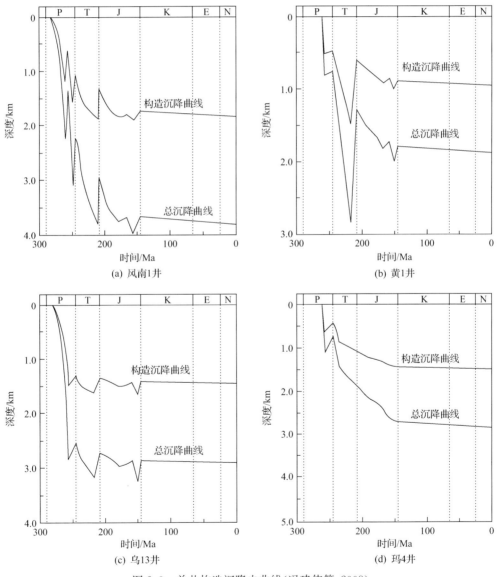

图 2.9 单井构造沉降史曲线(冯建伟等,2008)

此外,李玮(2007)根据对西北缘露头剖面中砾石的叠瓦状排列最大扁平面及沉积构造中交错层理方向的测量恢复沉积时古水流方向,结果表明造山带两侧玛湖凹陷与和什托洛盖盆地三叠纪的古水流方向大致呈相反方向,这也证实了西北缘造山带在三叠纪时期为玛湖凹陷的物源区。

2.3.3 构造地质背景对沉积的控制

三叠纪时期,盆地西北缘为挤压拗陷阶段,挤压作用在盆地边缘明显,发育的逆掩断裂具有同生活动性质;而在盆地内部表现为稳定的拗陷特征,这种挤压拗陷的复合构造格局对沉积体系发育的影响也是多方面的。

1. 拗陷盆地格局控制物源搬运距离

三叠纪拗陷盆地特征决定了盆地或拗陷内部相对稳定的构造环境,斜坡区为单斜构造背景。众所周知,断陷湖盆斜坡区通常沉积巨厚砂砾岩,平面展布范围有限,垂向沉积厚度大。区别于山前断陷区,玛湖凹陷广袤的斜坡区为沉积体提供了广阔的沉积卸载区,沉积物展布面积大(图 2.10),沉积厚度也相对断陷陡坡区较薄。

图 2.10 准噶尔盆地南缘现今山前广袤平原区——扇体展布范围广

正是这种相对平缓的大面积卸载区间,奠定了下三叠统百口泉组的沉积背景,决定了沉积体系的展布规律与范围。山间河流携带大量粗碎屑沉积物在山前大面积平原区散射卸载,形成一系列扇三角洲沉积。由于沉积地形稳定,分流水道在平面延伸距离远,沉积物展布面积广。

2. 造山带持续隆升提供充足物源

三叠纪时期,盆地由二叠纪的前陆盆地性质转变为挤压陆内拗陷型盆地,但早期构造活动仍然具有二叠纪俯冲性质(冯建伟等,2008)。和什托洛盖盆地西北部上三叠统直接覆盖于海西期花岗岩之上,也表明西北缘造山带在三叠纪依然在持续隆升状态(李玮,2007),形成了以哈拉阿拉特山与扎伊尔山为主的盆地西北边缘高地。

西北缘的逆冲断裂具有同生断裂的性质,对扇体的形成具有明显的控制作用。主要表现为冲断作用持续发生,造成断裂上下盘地形高差大,从上盘剥蚀而来的碎屑物直接沉积于下盘底部,而形成多种不同类型的扇体(雷振宇等,2005)。

随着造山带的持续隆升,为玛湖凹陷百口泉组沉积提供的大量持续供给的物源。Nemec(1990)认为大量的沉积物供给决定了三角洲的体积与面积,因而,持续隆起的造山带奠定了持续大量物源供给的基础,是形成百口泉组大面积扇三角洲群的重要控制因素。同时,边缘造山带地势较高,沉积物重力势能较大,也是其平面搬运距离较远的因素之一。此外,构造作用还影响了沉积作用类型,边缘造山带逆冲推覆在边缘形成高陡地形,部分地区在重力作用下直接垮塌,形成大量沉积物重力流沉积。

2.4　地层发育特征

2.4.1　中-古生界

玛湖凹陷内发育有石炭系、二叠系、三叠系、侏罗系及白垩系地层(图 2.11)。

1. 石炭系

石炭系以灰褐色、褐灰色、紫红色泥岩、粉砂质泥岩不等厚互层为主,夹泥质粉砂岩、凝灰质泥岩及一段较厚灰色、深灰色凝灰岩,灰色、褐灰色橄榄辉绿岩,还可见生物碎屑灰岩。

2. 二叠系

二叠系自下而上可划分为佳木河组、风城组、夏子街组及上、下乌尔禾组。

佳木河组为海陆交互相和或火山岩相的杂色砾岩、紫灰色、棕红色、灰绿色的凝灰质碎屑岩及岩浆岩(安山岩及安山玄武岩等),地层厚度在 800~3000m,地层由造山带至盆地方向变薄尖灭,并且与下部石炭系呈区域性角度不整合。

风城组为灰黑色泥质、凝灰质白云岩,白云质、凝灰质泥岩夹砂岩、粉砂岩,石灰岩薄层,为滞流海湾或潟湖沉积,底部为浅红色凝灰质砂岩和厚层灰色安山岩,厚度为400~1400m。

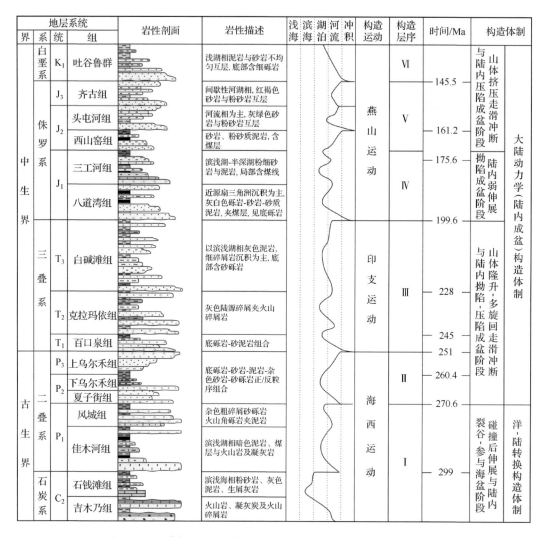

图 2.11　准噶尔盆地西北缘地层-构造层序演化阶段(白国娟,2009)

Ma. 百万年

夏子街组为褐色、灰绿色砾岩与灰绿色、浅灰色、棕色、褐灰色砂泥岩互层,泥岩总体上以氧化色为主,砂岩的颜色也有相似的特征,电测曲线上的旋回性也不明显,厚度为200~600m。

下乌尔禾组为灰色、褐色泥岩,褐灰色粉砂质泥岩与杂色砂砾岩互层,褐灰色泥质粉砂岩,褐灰色粉砂岩呈不等厚互层,底部发育杂色砂砾岩。上乌尔禾组岩性为灰绿色不等粒砾岩夹褐红色或黑色薄层砂质泥岩或泥岩,总厚度为 600~1600m。

3. 三叠系

三叠系自下而上划分为百口泉组、克拉玛依组、白碱滩组。

百口泉组上覆于二叠系—三叠系的区域不整合之上,底部为山麓冲积扇和扇三角洲粗粒沉积,以红褐色、杂色、灰绿色块状中粗砾岩为主,中上部为棕红色、杂色泥岩或砂质泥岩夹灰绿色薄层细砂岩和中细砾岩互层,整体呈水进正旋回,厚度为60～300m。

克下组岩性为灰色、灰绿色砂质不等粒砾岩夹含砾不等粒砂岩及棕褐色泥岩。砾石以变质岩屑为主,含长石、石英颗粒。砂泥质胶结,中等致密,厚度为100～300m。克上组为灰色、灰绿色不等粒砂岩、砂岩、泥岩组成的韵律层,砾石成分同克下组。砾岩砂泥质胶结、中等,内部分可细为 5 个砂组,厚度为110～300m。

白碱滩组下部为黑色泥岩夹灰绿色砂岩,泥岩质纯,局部为砾岩;上部为灰色、灰绿色砂岩及泥岩互层,局部夹煤线,在断裂上盘构造高部位被剥蚀,在西南部保存完整,而夏子街区和红旗坝地区厚度为 0～100m。

4. 侏罗系

侏罗系自下而上可划分为八道湾组、三工河组、西山窑组、头屯河组、齐古组、喀拉扎组,其中喀拉扎组在该区受剥蚀作用而缺失。

八道湾组以明显的角度不整合覆于下伏地层之上,为河流,沼泽相含砾砂岩、砂岩的块状层与灰色泥岩、砂质泥岩、粉砂岩、碳质泥岩的不等距韵律状交互层,见底砾岩,含多层可采工业煤层,有时夹不规则的菱铁矿、灰白色凝灰岩,厚度为 30～420m。

三工河组为浅灰黄、浅灰色砂泥岩互层,处于侏罗系最大湖平面时期,以滨湖-浅湖相沉积为主,厚度为 50～140m。

西山窑组为灰白色砾岩、砂岩及灰色泥岩互层,夹碳质泥岩及煤层,为河流-沼泽相沉积,厚度为 40～160m。

头屯河组为灰色、灰绿色、褐色等杂色砂岩与泥岩互层的河流相沉积,厚度变化大,上部往往被侵蚀,厚度为 0～160m。

齐古组为一套灰色、灰白色、灰绿色砂岩夹褐红色、紫红色泥岩,主要为河流相向浅湖相过渡,与下伏头屯河组为局部不整合接触,厚度为 0～400m。

5. 白垩系

白垩系为紫红色、灰色泥岩,灰色粉砂质泥岩,灰色泥质粉砂岩、粉砂岩呈不等厚互层,底部发育杂色砂砾岩。

2.4.2　三叠系

准噶尔盆地西北缘地区三叠系划分为下三叠统百口泉组、中三叠统克拉玛依组,上三叠统白碱滩组,而对三叠系层序地层的划分有着不同的划分方案(表 2.2)。

丘东洲和赵玉光(1993)、丘东洲和李晓清(2002)将三叠系划分为 1 个层序,中下三叠统和上三叠统分别构成 2 个准层序。

表 2.2　准噶尔盆地三叠系层序地层划分方案

岩石地层单元			丘东洲和 赵玉光(1993)		王龙樟(1995)		李德江等(2005)		鲜本忠等(2008)	
系	统	组	准层序	层序	亚层序	层序	三级层序	二级层序	三级层序	二级层序
三叠系	上	白碱滩组	SQ_1^2	SQ_1	I_2	I	T_3S_5	TSS_1	TSQ_5	TSS_1
							T_3S_4		TSQ_4	
	中	克拉玛依上亚组					T_2S_3		TSQ_3	
		克拉玛依下亚组	SQ_1^1		I_1				TSQ_2	
	下	百口泉组					T_1S_2		TSQ_1	
							T_1S_1			

王龙樟(1995)在对准噶尔盆地西北缘三叠系层序地层学研究之后,也认为三叠系发育 1 个层序和 2 个亚层序,其中,中—下三叠统百口泉组与克拉玛依下亚组为亚层序Ⅰ,克拉玛依上亚组与白碱滩组为亚层序Ⅱ。

李德江等(2005)在对整个准噶尔盆地三叠系研究的基础上,将三叠系划分为 1 个二级层序和 5 个三级层序,下三叠统百口泉组与上三叠统白碱滩组分别细分为 2 个三级层序,中三叠统克拉玛依组为 1 个三级层序。

鲜本忠等(2008)对准噶尔盆地西北缘三叠系层序地层进行了划分,三叠系发育 1 个二级层序,百口泉组、克拉玛依下亚组、克拉玛依上亚组分别发育 1 个三级层序,白碱滩组发育 2 个三级层序。

不难看出,三叠系发育 1 个二级层序是大家的共识,而其内部三级层序或的划分则存在一定的差异。本书在前人研究(何登发等,2004a;蔚远江等,2005;鲜本忠等,2008)的基础上,结合地震与钻井资料,将玛湖凹陷三叠系划分为 1 个二级层序(SSQ_1)和 5 个三级层序($SQ_1 \sim SQ_5$),其中百口泉组、克拉玛依下亚组、克拉玛依上亚组为 1 个三级层序,白碱滩组划分为 2 个三级层序,基本与鲜本忠等(2008)的划分方案相似。

下三叠统百口泉组(SQ_1)发育于早期西北缘断裂带逆冲造山剥蚀形成的不整合面之上,为红褐色、杂色块状中-粗砾岩、砂砾岩直接上覆于上二叠统上乌尔禾组灰色泥岩或中细砂岩之上,二者之间为区域不整合接触,垂向上表现为向上岩性变细、泥岩含量增加的正旋回。处于三叠系二级旋回低位时期,沉积范围局限,仅发育于断裂带下盘(图 2.12)。

中三叠统克拉玛依下亚组(SQ_2)随着湖侵范围的进一步扩大,沉积范围扩展至断裂带上盘地区;岩性由断裂带杂色、褐色砂砾岩过渡为斜坡区灰绿色细砾岩、含砾粗砂岩和灰色中-细砂岩,个别时期湖盆萎缩至斜坡带内,发育泛滥平原的紫色泥岩,垂向上表现为先进后退的湖侵—湖退完整旋回。

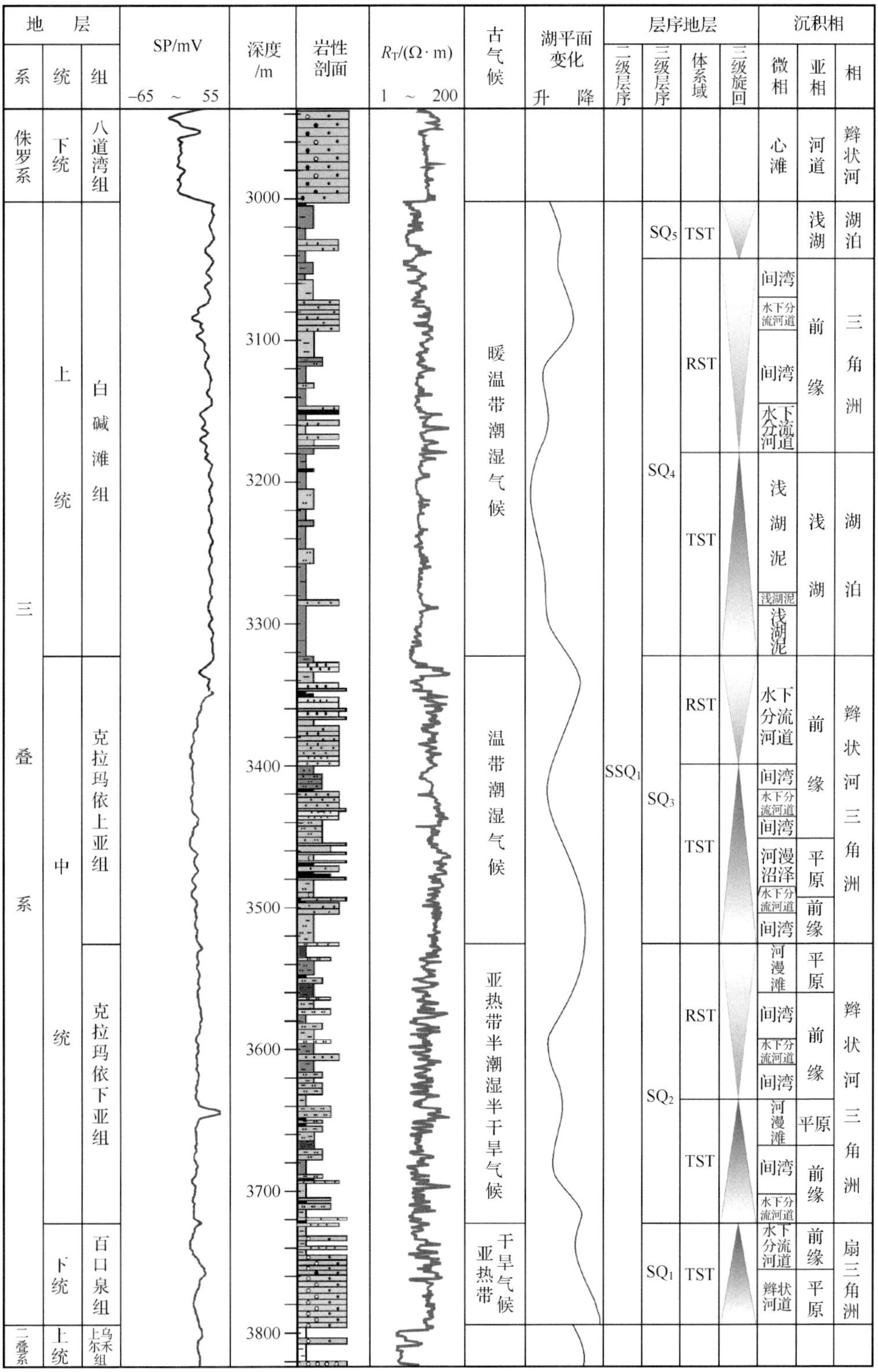

地　　　层			SP/mV	深度	岩性	$R_T/(\Omega \cdot m)$	古气候	湖平面变化		层序地层			沉积相		
系	统	组	$-65 \sim 55$	/m	剖面	$1 \sim 200$		升	降	二级层序	三级层序	体系域	三级旋回	微相	亚相	相
侏罗系	下统	八道湾组		3000			暖温带潮湿气候							心滩	河道	辫状河
三 叠 系	上统	白碱滩组		3100 3200 3300							SQ$_5$	TST		浅湖		湖泊
											SQ$_4$	RST		间湾	前缘	三 角 洲
														水下分流河道		
														间湾		
														水下分流河道		
												TST		浅湖泥	浅湖	湖泊
														浅湖泥		
														浅湖泥		
	中 统	克拉玛依上亚组		3400			温带潮湿气候			SSQ$_1$		SQ$_3$	RST		水下分流河道	前缘	辫状河三角洲
														间湾		
														水下分流河道		
														间湾		
												TST		河漫沼泽	平原	
														水下分流河道	前缘	
														间湾		
		克拉玛依下亚组		3500 3600			亚热带半潮湿半干旱气候					SQ$_2$	RST		河漫滩	平原	辫状河三角洲
														间湾	前缘	
														水下分流河道		
														间湾	前缘	
												TST		河漫滩	平原	
														间湾	前缘	
														水下分流河道		
	下统	百口泉组		3700 3800			干旱气候亚热带					SQ$_1$	TST		水下分流河道	前缘	扇三角洲
														辫状河道	平原	
二叠	上统	上乌尔禾组														

图 2.12　准噶尔盆地西北缘三叠系层序地层综合柱状图(鲜本忠等,2008)

中三叠统克拉玛依上亚组(SQ_3)继承了克拉玛依下亚组湖平面上升的规律,古气候由亚热带半干旱-半潮湿转化为温带潮湿性气候,湖盆水体面积大,发育扇三角洲与辫状河三角洲沉积,在斜坡带内砂体较克拉玛依下亚组时少,垂向上也表现为湖侵—湖退完整旋回。

上三叠统白碱滩组下段(SQ_4)早期湖泊范围继续大面积扩张,早期沉积的大套半深湖泥岩之上开始发育几米厚的细砂岩或粉砂岩沉积,表现为砂岩含量逐渐增多,具有前积特征,可见,SQ_4沉积构成一个湖侵—湖退完整旋回,该三级旋回的最大湖泛面为三叠系二级旋回的最大湖泛面。

上三叠统白碱滩组上段(SQ_5)湖平面开始明显下降,在西北缘地区对应发育一套向上变粗的反旋回沉积,岩性由灰色、深灰色泥岩逐步向细砂岩、含砾中砂岩、砂砾岩过渡,尤其是在百口泉地区,沉积环境出现由深湖、半深湖向扇三角洲、辫状三角洲前缘、平原过渡,具有典型的前积结构。

2.4.3 百口泉组

百口泉组沉积于晚二叠世末隆起剥蚀后的不整合面之上,为三叠系二级层序底部的低位切谷充填沉积。在亚热带干旱炎热的古气候背景下,沉积了一段巨厚块状的红褐色、杂色、灰绿色、灰白色砂砾岩,局部夹杂色、红褐色、灰绿色粉砂质泥岩、中细砂岩。由下向上砾岩沉积规模逐渐减小,砾岩粒度逐渐变细,砾岩颜色也逐渐从红褐色向灰绿色过渡,沉积相带由扇三角洲平原向扇三角洲前缘过渡,整体表现为水进退积的旋回。

按照岩性、电性、沉积旋回与界面特征,百口泉组划分为百口泉组一段[简称百一段,(T_1b_1)]、百口泉组二段[简称百二段(T_1b_2)]、百口泉组三段[简称百三段(T_1b_3)]。百一段岩性以褐色砂砾岩为主,夹棕灰色含砾泥岩,电性特征为低阻块状;百二段上部岩性以灰绿色砂砾岩为主,夹棕灰色泥岩,为主要储层段,电性特征为高阻指状;百二段下部岩性主要为褐色砂砾岩,岩性较致密,电性特征为中阻块状;百三段为灰绿色砂砾岩与泥岩互层,电性特征为中阻指状(图 2.13)。

西北缘地区百口泉组地层厚度变化较大,达 60～350m,整体变化趋势由断裂带—斜坡带—凹陷中心逐渐增厚,玛湖凹陷斜坡带内地层分布较为稳定,厚度为 130～250m,其中百一段厚度为 30～50m,较为稳定;百二段厚度为 50～100m,百三段厚度为 50～100m。玛湖凹陷西斜坡带内地层沉积总体由北东向南西方向地层厚度逐渐减薄,东北侧地层厚度大,一般为 150～230m,西南侧厚度小,一般为 60～180m(图 2.14)。

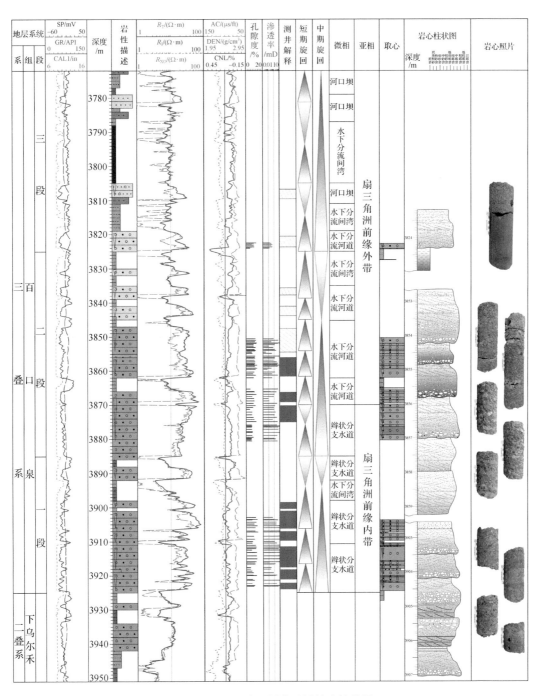

图 2.13　百口泉组层序地层综合柱状图

lin＝2.54cm

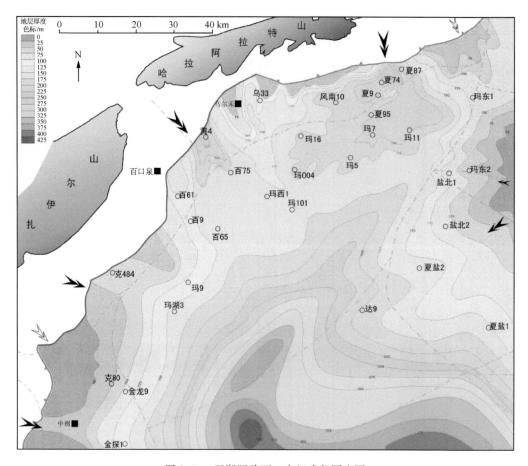

图 2.14 玛湖凹陷百口泉组残留厚度图

百口泉组砾岩发育地质背景 第3章

玛湖凹陷早三叠世的地质背景控制了百口泉组沉积的厚层砾岩的发育,通过探讨区域构造演化、物源供给特征、层序发育特征、古地貌及古气候特征等地质背景,探究其对百口泉组砾岩沉积的具体控制作用。

3.1 物源供给特征

3.1.1 物源体系分布

1. 重矿物分布

重矿物是指母岩破碎、风化后,经风、冰川、河流、潮汐、海浪等动力搬运后比重大于2.89的矿物,岩石中特定的重矿物组合与含量能够反映出特定的物源体系。

Hubert(1960,1962)最早提出的重矿物成熟度指标(ZTR)指数,即锆石、电气石和金红石组成的透明矿物的百分含量。由于这三种矿物在重矿物中最为稳定,又几乎在所有结晶岩中均可见,因此将它作为重矿物稳定系数是最常用的研究方法。

百口泉组重矿物 ZTR 指数总体分布规律明显,百一段 ZTR 值从断裂带附近夏9井、玛152井、玛002井区的 0.5～2.5 向湖盆中心玛003井、玛6井、艾湖1井区的 10.0～25.0 逐渐增大,反映出北东向的物源(图 3.1)。

百二段取样点较多,ZTR 值所反映的从凹陷边缘向湖盆中的变化更为明显。玛北地区断裂带之上夏9井 0.3 与夏89井 0.8,由北向南依次为玛15井 1.8→玛005井 3.4→玛006井 3.7→玛001井 6.3,ZTR 指数逐渐增大,体现了物源距离逐渐变远,玛北地区物源的方向为北东—南西。玛南地区断裂带的黄3井为 2.5,向凹陷逐渐变为玛西1井 7.3→玛6井 16.4,反映了玛西地区物源方向为北西—南东。玛南地区取样点仅有3个,但从白27井 3.1→玛湖2井 11.2→玛湖3井 24.2 仍反映出其物源方向为北西—南东(图 3.2)。

百三段 ZTR 继承了百口泉组 ZTR 值变化的总体趋势,相对于百二段,其值整体较大,断裂带之上都已达到了 5.0,凹陷中心内普遍为 10.0～20.0(图 3.3)。

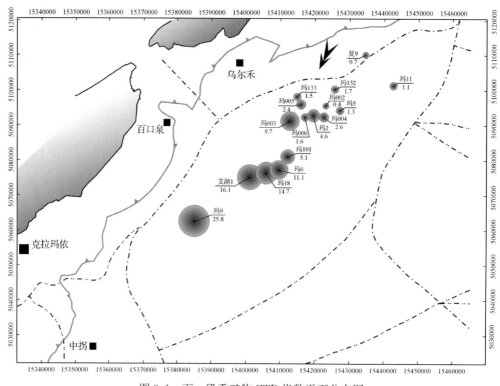

图 3.1　百一段重矿物 ZTR 指数平面分布图

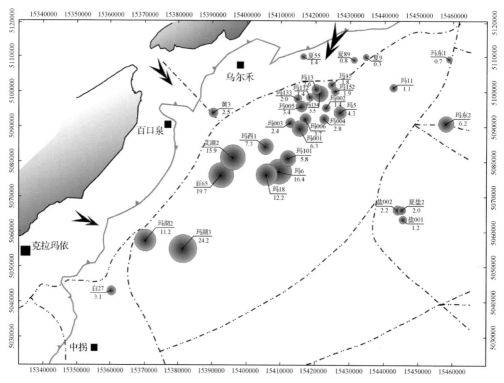

图 3.2　百二段重矿物 ZTR 指数平面分布图

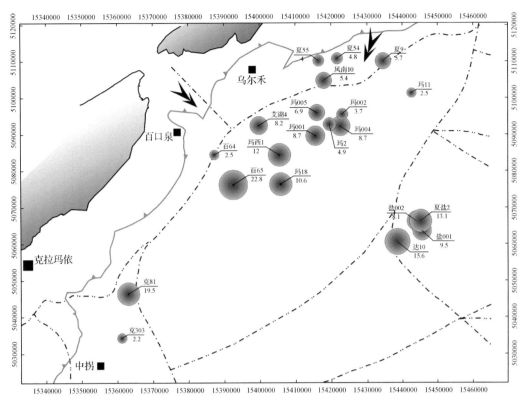

图 3.3　百三段重矿物 ZTR 指数平面分布图

通过统计分析发现,百口泉组 ZTR 指数具有百一段<百二段<百三段,以及玛北地区<玛西地区<玛南地区的特点。垂向上的特点说明了百口泉组由下向上物源距离逐渐增大,其中百一段沉积时期,沉积物源最近,可能为山前近源沉积;随着湖平面的上升,沉积物搬运距离逐渐增大,经过长距离的搬运过程,不稳定重矿物逐渐减少,即造成了百一段 ZTR 值最小,百三段值最大的特点。平面上,ZTR 值玛北地区<玛西地区<玛南地区反映了玛北距离物源区最近,玛南最远的沉积背景。

由于分析结果的重矿物种类繁多,通常按其物理化学性质的稳定程度被归纳为不稳定、较稳定、稳定和极稳定等组合(表 3.1),这种分类既可使复杂的问题得以简化又可使对比结果较为直观(陈国英等,1995)。

表 3.1　重矿物稳定性分类

稳定性	重矿物类型
极稳定	锆石、电气石、金红石、尖晶石、白钛石、锡石、红柱石、独居石、锐钛矿
稳定	钛铁矿、磁铁矿、褐铁矿、板钛矿、十字石、矽线石、榍石
较稳定	石榴石、重晶石、绿帘石、黝帘石、褐帘石、透辉石
不稳定	黑云母、黄铁矿、辉石、角闪石、硬石膏

统计表明玛湖凹陷百口泉组不同地区之间重矿物组合类型具有一定的差异,体现了存在不同的物源体系(表3.2)。

表3.2 玛湖凹陷重矿物数据统计

井号	极稳定				稳定			较稳定			不稳定
	锆石	电气石	尖晶石	白钛石	钛铁矿	磁铁矿	褐铁矿	石榴石	绿帘石	重晶石	黄铁矿
风南10	6.00	1.77	0.80	53.75	2.80	7.35	4.50	2.68	2.93	1.73	15.00
风南11	5.87	1.00	2.10	30.07	0.00	3.70	6.30	0.85	42.13	0.70	5.60
玛001	5.64	1.19	0.93	16.83	10.18	0.60	20.39	1.75	33.94	6.99	0.57
玛002	3.86	0.45	0.50	14.49	9.64	0.00	17.93	0.72	47.19	3.93	0.35
玛2	3.83	2.23	1.05	30.63	10.20	0.00	14.73	1.65	24.43	9.23	1.13
玛003	4.14	0.58	2.70	5.64	19.16	0.65	13.44	0.43	51.60	0.80	0.61
玛004	5.92	0.48	0.74	28.18	2.73	0.00	1.85	0.47	52.44	0.20	0.80
玛005	3.81	0.42	1.40	7.43	13.65	0.00	19.94	0.66	52.28	0.30	0.00
玛5	8.34	0.90	0.89	44.35	6.65	0.00	18.85	0.57	0.30	11.21	7.46
玛006	2.96	0.47	0.74	5.09	6.07	0.00	4.87	0.41	76.71	2.47	0.20
玛11	2.08	0.61	0.51	9.24	4.44	0.00	6.75	1.06	70.48	1.87	0.62
玛13	2.57	0.00	0.55	1.50	33.13	3.70	1.90	1.20	53.53	1.80	0.00
玛15	1.10	0.70	0.00	4.85	5.95	4.60	4.00	0.00	75.85	1.25	2.45
玛131	0.53	0.30	0.60	6.37	12.20	1.27	4.50	1.00	72.20	0.00	0.00
玛132	1.40	0.00	0.00	1.90	11.85	11.45	6.15	2.35	60.70	0.00	4.20
玛133	1.25	1.00	0.50	1.00	8.60	9.80	2.75	1.00	66.75	1.50	5.10
玛134	3.95	1.58	0.70	11.83	8.83	6.85	9.50	1.93	50.60	1.63	1.10
玛152	5.56	2.23	0.94	33.96	5.35	12.83	4.08	2.53	15.92	14.80	0.00
夏9	2.17	2.56	0.30	30.59	10.32	3.86	28.60	2.26	18.82	0.00	0.00
夏54	8.03	0.67	2.57	50.67	3.50	13.47	0.60	2.73	12.17	0.00	0.00
夏55	2.67	0.70	1.50	31.05	15.70	0.90	17.55	2.10	26.39	0.00	0.00
夏72	5.60	3.70	0.00	0.00	31.20	0.73	31.40	3.45	0.00	0.00	18.53
夏75	2.90	1.40	1.40	0.00	12.20	0.70	9.70	2.10	58.70	6.20	2.10
夏82	6.34	2.33	2.72	7.28	51.20	1.47	5.12	6.22	7.92	1.20	1.48
夏89	0.80	0.00	0.00	3.90	5.10	2.30	2.70	0.00	82.00	0.00	3.10
夏93	4.15	1.40	2.10	14.60	15.75	5.20	7.10	2.80	31.85	2.60	9.80
夏94	5.30	1.10	0.60	10.20	8.50	12.60	5.75	1.03	24.87	2.70	25.77
艾湖1	12.67	3.40	3.17	6.03	20.47	28.33	2.55	1.40	8.33	4.40	8.77
艾湖2	14.35	1.55	5.20	2.15	7.50	19.30	0.60	16.50	7.95	4.25	19.35
艾湖4	7.90	0.60	0.00	20.15	1.70	9.65	13.65	1.10	19.55	6.35	18.90
百64	2.50	0.00	8.70	12.80	68.00	0.00	4.30	2.30	0.80	0.00	0.00
百65	21.29	0.48	20.86	9.24	32.17	0.00	3.84	3.56	5.37	0.00	1.64

井号	极稳定				稳定			较稳定			不稳定
	锆石	电气石	尖晶石	白钛石	钛铁矿	磁铁矿	褐铁矿	石榴石	绿帘石	重晶石	黄铁矿
黄 3	2.40	0.20	0.90	11.00	64.30	0.00	8.75	0.45	10.40	0.00	0.00
玛 6	11.50	0.87	4.57	20.51	6.14	0.00	26.83	0.57	21.57	6.42	0.70
玛 18	11.92	1.54	2.76	8.74	13.63	24.96	8.28	2.86	10.52	5.89	8.75
玛 101	5.13	0.40	1.68	18.78	6.73	0.00	25.40	0.41	36.80	0.40	4.15
玛西 1	6.80	1.30	1.95	11.90	8.30	22.50	15.20	1.40	21.50	4.90	4.25
白 27	3.30	0.00	0.50	1.40	51.60	1.90	16.00	1.40	5.20	1.90	15.10
克 80	20.15	5.90	0.90	35.10	24.20	0.00	0.00	1.85	4.10	0.20	1.60
克 81	10.00	9.50	3.95	6.95	49.90	0.00	1.45	12.15	1.10	0.00	0.00
克 303	0.70	1.50	0.00	4.40	35.80	0.00	9.50	0.00	47.40	0.00	0.00
玛 9	25.31	0.80	3.41	4.29	56.79	0.00	4.98	0.74	2.30	0.25	0.60
玛湖 2	29.10	1.10	2.60	5.13	19.50	6.50	8.87	0.80	10.97	0.00	11.93
玛湖 3	23.03	1.80	0.00	3.27	1.03	16.50	24.00	6.20	6.50	0.85	8.40
达 10	11.74	3.42	2.40	38.14	0.00	7.62	6.50	1.42	6.18	10.34	11.78
玛东 1	2.63	0.94	0.52	13.61	0.22	0.00	2.32	1.12	72.60	0.00	0.00
玛东 2	6.00	0.25	6.40	22.80	7.65	0.00	4.55	0.15	44.85	0.00	0.00
夏盐 2	6.96	1.66	0.92	25.80	0.52	0.00	20.06	0.48	21.62	14.76	0.04
盐 001	3.17	3.40	0.67	44.17	8.30	0.00	9.97	0.47	27.40	1.83	0.47
盐 002	2.72	0.66	0.26	0.58	19.18	0.00	3.28	1.16	63.88	4.20	0.28

　　玛北地区主要重矿物组合类型为:绿帘石(41.2%)-白钛石(16.9%)-钛铁矿(12.03%)-褐铁矿(10.04%)-锆石(3.95%)-磁铁矿(3.83%)。

　　玛西地区主要重矿物组合类型为:钛铁矿(22.9%)-绿帘石(14.3%)-白钛石(12.1%)-褐铁矿(10.94%)-磁铁矿(10.5%)-锆石(9.64%)。

　　玛南地区主要重矿物组合类型为:钛铁矿(34.1%)-锆石(15.9%)-绿帘石(11.8%)-白钛石(8.7%)-褐铁矿(9.3%)-黄铁矿(5.4%)。

　　玛东地区主要重矿物组合类型为:绿帘石(39.4%)-白钛石(24.1%)-褐铁矿(7.78%)-钛铁矿(5.98%)-锆石(5.5%)-重晶石(5.2%)。

　　在平面上也较为清楚地展现了不同地区的重矿物组合分布特点,其中玛北地区为绿帘石-白钛石-钛铁矿的组合,玛东地区与玛北地区较为类似,为绿帘石-白钛石-褐铁矿,反映二者物源相近(图 3.4)。玛西地区的重矿物组合为钛铁矿-绿帘石-白钛石,玛南为钛铁矿-锆石-绿帘石,玛西地区与玛南地区的重矿物组合类型相似,且以钛铁矿这种稳定重矿物为主,相较于玛北地区与玛东地区以较稳定重矿物——绿帘石为主要矿物来说,玛西地区与玛南地区沉积物搬运距离较远。

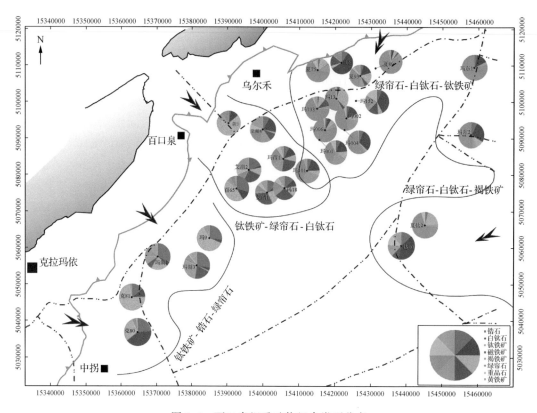

图 3.4　百口泉组重矿物组合类型分布

2. 古水流方向

李玮(2007)测量了准噶尔盆地西北缘深底沟、苍园沟、小石油沟及吐孜阿尔克内沟北侧三叠纪克拉玛依组露头剖面中砾岩中叠瓦状砾石最大扁平面、砂岩中板状交错层理和槽状交错层理的层理面的倾向,并通过玫瑰花图恢复了沉积时古水流方向。结果表明西北缘三叠纪古水流总体方向为北西—南东(平均为 135°)(图 3.5),与重矿物所反映的规律一致。

3. 现今扇体展布

前已述及准噶尔盆地西北缘扇体的发育具有一定的继承性,现今该地区发育的冲积扇正是中生代以来沉积体系的延续发育。通过卫星照片可以清晰地看到在准噶尔盆地西北缘,形成了夏子街扇、黄羊泉扇及克拉玛依扇群。其中,夏子街扇从哈拉阿拉特山东缘注入盆地,黄羊泉扇由扎伊尔山与哈山之间的山口物源展布开来,克拉玛依扇群为扎伊尔山前沉积(图 3.6),这从地质历史演化的继承性上印证了玛湖凹陷物源体系沿西北缘造山带展布。

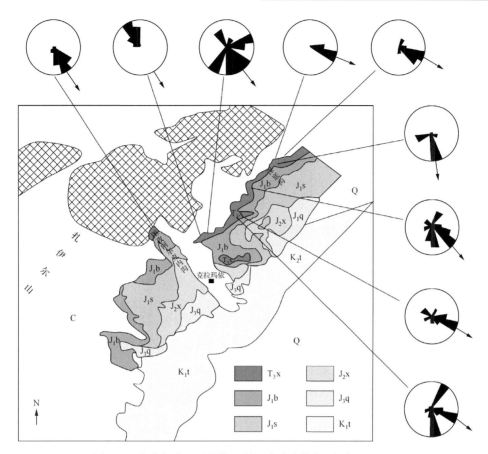

图 3.5　准噶尔盆地西北缘三叠纪古流向恢复图(李玮,2007)

图 3.6　准噶尔盆地西北缘现今扇体分布卫星照片

3.1.2 物源供给强度

物源供给强度对沉积体系的展布特征具有一定的控制作用,在一定程度上决定了扇体的展布面积与沉积厚度。在充足的可容纳空间条件下,物源供给强度越大,扇体展布面积越大。在同一沉积背景下,单砂层的厚度体现了物源供给的相对强度。

通过统计单砂层厚度表明,百口泉组单砂层厚度普遍在2m以上,最后能达数十米,平均厚度为10m左右,证实了百口泉组充足的物源供给,且供给强度大,持续时间长。

不同的扇体之间单砂层厚度存在着差异:夏子街扇百一段单砂层平均厚度为16.7m,最大厚度达52m;黄羊泉扇百一段单砂层平均厚度与最大厚度分别为10.8m与44m;克拉玛依扇百一段单砂层平均厚度与最大厚度分别为8.1m与27m;夏盐扇百一段单砂层平均厚度与最大厚度分别为5.1m与22m(表3.3)。不难发现,单砂层平均厚度与最大厚度的大小均为:夏子街扇>黄羊泉扇>克拉玛依扇>夏盐扇,反映了夏子街扇物源最为充足,黄羊泉扇、克拉玛依扇次之,夏盐扇最小。

同时,同一扇体内部不同层段的厚度也具有一定的变化规律:单砂层平均厚度与最大厚度由百一段向百三段逐渐减小,体现了百口泉组为物源供给逐渐减弱的演化过程。

表3.3 各扇体单砂体统计对比

层位	参数	夏子街扇 25口井	黄羊泉扇 9口井	克拉玛依扇 16口井	夏盐扇 8口井
百三段	单砂体个数	138	46	45	56
	厚度最小值/m	1	1	1	1
	厚度最大值/m	65	18	11	9
	厚度平均值/m	7.31	4.74	3.22	2.79
	平均含砂率/%	65	53	50	45
	含油段平均含砂率/%	70	65	无	无
百二段	单砂体个数	81	36	48	42
	厚度最小值/m	2	2	1	1
	厚度最大值/m	92	62	41	33
	厚度平均值/m	19.75	11.3	6.89	5.65
	平均含砂率/%	80	78	67	61
	含油段平均含砂率/%	80	76	63	66
百一段	单砂体个数	53	29	37	42
	厚度最小值/m	2	2	1	1
	厚度最大值/m	52	44	27	22
	厚度平均值/m	16.7	10.82	8.19	5.12
	平均含砂率/%	88	78	83	69
	含油段平均含砂率/%	79	65	83	71

3.2　古地貌特征

3.2.1　古地貌恢复

古地貌恢复大都以定性研究为主,主要包括构造地质学、沉积学以及二者相结合的方法(邓宏文等,2001)。这里,古地貌恢复以沉积学研究为主,将沉积充填过程进行简化。即假设沉积的古地貌为底凸顶平的形态,沉积物充注填满后其顶面为一水平面。在这个假设条件下,利用地层厚度对沉积前古地貌进行恢复,地层厚度越大反映地势越低,反之则地势越高。但是,地层在沉积过程中或多或少地经历了剥蚀、压实等作用,现今地层厚度与沉积时地层厚度存在一定的差异。因此,为了更精确地恢复古地貌,通常需要对现今地层厚度进行校正,以恢复其沉积时的原始厚度。

如果地层没有发生剥蚀,并且地层倾角变化不大,岩性接近的情况下,也可以近似地用现今的视地层厚度定性恢复沉积时的古地貌,通过这种方法恢复出来的古地貌能够定性地反映出盆地的总体的高低起伏、物源方向等信息。

玛湖凹陷百口泉组沉积时期为层序发育的低位时期,湖平面为持续上升的过程,百口泉组地层基本未遭受剥蚀,且玛湖斜坡区地层倾角变化较小,岩性在平面上均以较稳定分布的厚层砂砾岩为主。因此,现今地层厚度与沉积时厚度整体差异不大,这里未进行剥蚀量恢复。

通过地震数据解释百口泉组层位顶底面深度,计算出地层厚度,依据地层厚度对玛湖凹陷百口泉组沉积古地貌特征进行了定性的恢复(图 3.7)。玛湖凹陷整体表现为三面高地环湖的格局,其中在凸起高地上发育沟槽,为沉积物提供了搬运渠道,凹陷湖盆中心区展布范围有限。从古地貌图中可见环玛湖凹陷主要有四大物源体系,即玛北、玛西、玛南、玛东,为方便论述,根据现今地理位置分别称为夏子街扇三角洲(简称夏子街扇)、黄羊泉扇三角洲(简称黄羊泉扇)、克拉玛依扇三角洲(简称克拉玛依扇)、夏盐扇三角洲(简称夏盐扇)。

3.2.2　地形坡度

地形坡度控制着扇三角洲的展布范围与分布规律,也反映了可容纳空间的大小。通过沿物源方向顺切的地震剖面白垩系底拉平,测量出百口泉组沉积地形坡度与坡降规律(图 3.8)。夏子街扇三角洲地形坡度为 $12°\sim15°$,且地形先陡后缓,这符合夏子街扇三角洲水动力强、碎屑流较发育特征,且随着地形坡度减缓,扇体纵向延伸较远。黄羊泉扇三角洲地形坡度相对夏子街扇三角洲较缓,为 $8°\sim12°$,地形先缓后陡,因而在地形较缓的平原部位扇体发生侧向迁移,且随着地形坡度增加,扇体顺物源方向延伸有限。克拉玛依扇三角洲地形较为稳定,坡度相对夏子街扇三角洲与黄羊泉扇三角洲最缓,仅为 $5°\sim7°$,但如前所述,克拉玛依扇三角洲物源供给相对最少,因而延伸范围有限。

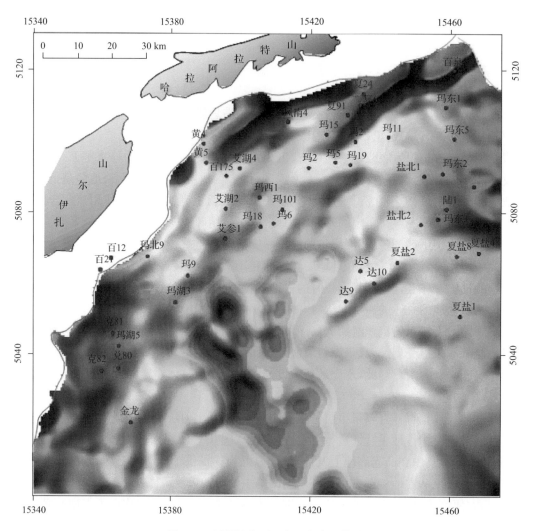

图 3.7　玛湖凹陷百口泉组底古地貌图

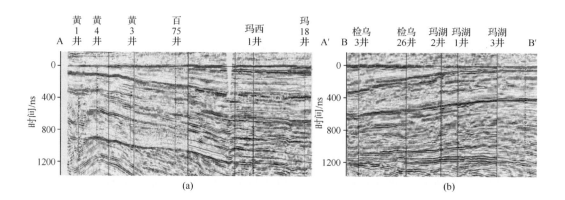

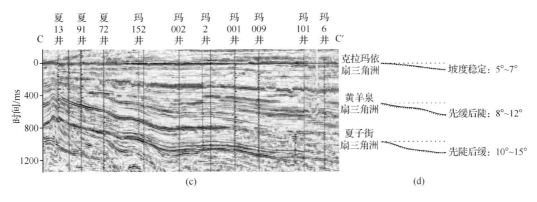

图 3.8　玛湖凹陷西斜坡各扇三角洲地形坡度对比

3.3　古气候特征

3.3.1　古气候恢复方法

古气候是古地理环境中一个极其重要的因素,主要的标志是温度和湿度的平衡,它对过去的外生地质作用与生物生存条件,都有深远的影响。因而,在过去地表上所形成的沉积岩及动植物化石,都留有其形成时期与形成地区所固有的气候烙印。实际上,沉积岩所有地球化学、矿物、岩性-岩相特征及动植物化石的形态、生态及尸体堆积特征等都是古气候的标志,因而古气候恢复的研究方法也主要包括对地球化学、矿物、岩性及生物化石等方面的研究。例如,冰川气候——冰渍岩;潮湿气候——含煤岩系,沉积的铁矿和锰矿、铝土矿、自生高岭石黏土、发育的化学风化壳;干燥气候——盐类沉积物(石膏、硬石膏、萤石、天青石、石盐和钾盐)、碳酸盐红层、自生蒙脱石黏土、坡缕石黏土和海泡石黏土。

利用黏土矿物重建古气候,始于 20 世纪 60 年代对第四纪沉积物的研究。Singer (1984)在全球不同气候带各种沉积类型中的黏土矿物组合的研究基础上,土壤、风化剖面和沉积物中的黏土矿物组合与气候条件及风化强度有密切的联系,在不同气候条件下,其组合类型不同。因而黏土矿物组合特征是解释古气候的主要指征。由于黏土矿物通常为粒径 $d<2Lm$ 的层状含水硅酸盐矿物,属于纳米级范围,因而只有用 X 射线衍射分析才能对黏土矿物成分作出有效的鉴定。

黏土矿物的形成及演变携带着丰富的气候变化信息。一般认为,气候温暖潮湿有利于高岭石的形成;蒙脱石易形成于干湿交替的气候环境,它是寒冷气候特征的指示;与赤铁矿共生的蒙脱石指示半干旱气候;伊利石形成于温暖或寒冷少雨的气候条件下;绿泥石通常形成于化学风化作用受抑制的地区(如冰川或干旱的地表)。因此,绿泥石和伊利石含量增加反映了逐渐变为干旱的气候环境(陈涛等,2005)。

3.3.2 古气候特征

古生代与中生代之间,随着联合古大陆形成和生物大绝灭,地球表层岩石圈、水圈、大气圈、生物圈发生了巨大变化,是一次重大的地史转折。

二叠纪末,西伯利亚火山大喷发,排放了大量的 SO_2 和 CO_2,导致了全球气候长时间持续性的变暖(Wignall and Twitchett,1996;Retallack et al.,1996;Knoll et al.,2007)。大量的证据表明,二叠纪—三叠纪之交,全球古气候特征为长期持续的干旱环境与短期爆发性的酸雨气候,进而导致了大规模侵蚀作用的发生(Benton and Newell,2014)。

研究证实,在高纬度地区风化速率的增加(Retallack and Krull,1999;Michaelsen and Henderson,2000);在格陵兰岛的三叠纪地质记录中出现了苏铁类植物(Looy,2001);以及在挪威靠近北极的斯匹次卑尔根岛中钙性藻类的出现(Wignall et al.,1998),表明典型的暖水生物群向高纬度迁移,这些证据均证实了全球气候在该时期的持续升温。此外,许多科学家也通过大气环流模型计算得出在二叠纪—三叠纪之间全球气温升高的事实(Kidder and Worsley,2004;Kiehl and Shields,2005);Royer 等(2004)通过地球化学模拟计算出二叠纪—三叠纪之间全球气温上升 $6\sim8℃$。随着气温的上升及高温的持续,陆生植物的生长率在早三叠世有明显的降低,泥沼沉积在早三叠世中几乎消失,造成全球早三叠世的"煤缺失"(Retallack,1995;Retallack et al.,1996)。

二叠纪—三叠纪之间,全球整体处于一个相对干旱炎热的古气候条件已是科学家们的基本共识,而准噶尔地区亦是在此古气候大背景下发生了一系列构造-沉积的演化过程。李强等(2002)认为准噶尔盆地石炭—三叠纪经历了 4 次重要的气候事件,即晚石炭世降温事件、中二叠世温室事件、晚二叠世—早三叠世干旱事件和中—晚三叠世潮湿事件。

根据古气候的研究,可较全面的查明外生地质作用,尤其是沉积作用的发育条件。百口泉组干旱炎热的古气候背景,对百口泉组沉积的影响主要体现在三个方面:①湖泊蒸发量大于注入量,汇水面积小,从湖盆边缘山麓冲积而来的沉积物搬运较长距离到达湖泊卸载区,因而沉积体系平面延伸距离远,且陆上沉积部分面积较广。因而,汇水面积小是百口泉组大量发育红褐色砂砾岩的控制因素之一。②植被不发育,基底易被侵蚀,同时,基岩岩石长期在干旱炎热条件下,易发生碎裂,为沉积物源提供了大量的粗碎屑物质,奠定了百口泉组沉积的物质基础。③炎热气候时常爆发季节性阵发洪水,为粗碎屑提供了搬运介质,且搬运动力强,是百口泉组广泛发育重力流沉积的地质基础。

层序地层划分与对比

4.1　层序发育主控因素

构造运动、海平面升降、沉积物供给和气候是控制层序地层发育的四大因素(表4.1),结合构造演化阶段来看,这四种因素控制了该地区层序地层的发育。

表 4.1　层序发育的四大控制因素

基本要素	控制作用
构造运动	沉积物的可容纳空间
海平面升降	地层和岩相的展布模式
沉积物供给	沉积物的充填和古水深
气候	沉积物的类型

资料来源:Sangree and Vail,1989。

4.1.1　构造沉降

构造运动以板块相互碰撞产生的各种地质作用及由这些作用导致相应的平衡反应为特征,构造活动变形或直接与断层活动有关的变形作用产生高应变率、断裂、旋转和褶皱,这些构造事件产生三级幕式活动。一级构造事件起因于软流圈的热动力作用,热动力作用可以驱动板块,使地壳和上地幔变形;二级构造事件以沉积盆地演变过程中沉降速率变化为特征,可起因于板块构造体系的重新组织或局部热动力扰动;三级构造事件是褶皱、断层、底辟及岩浆活动。断层活动是平移、碰撞或扩张的板块边缘或岩体中密度差产生可容纳空间的一种表现形式。

构造控制着可容纳空间的形成和消亡,尤其是对构造活动强烈的盆地而言,构造运动是控制其层序发育最主要的因素。构造沉降对层序充填的影响主要表现在同生断层对层序的控制作用和多期断层的控制作用。同生断层发育初期活动强度大,可容纳空间迅速增大,水体快速加深,造成饥饿性层序的发育,沉积的近岸沉积体系通常以基准面上升半旋回为主,形成不对称的沉积旋回叠加序列;而缓坡一侧相同时期内可容纳空间的增加速率则相对较小,层序的发育受可容空间与沉积物供给量的比值(A/S)控制,当A/S<1时,缓坡部位以基准面下降半旋回沉积作用为主,形成了向上变浅的沉积旋回序列(图4.1)。

在构造负荷作用非常突出的前陆盆地,区域性的沉降样式完全不同于被动大陆边缘,这里的沉降速率远离造山带向海方向逐渐减小,而被动大陆边缘向海方向沉降速率逐渐增加。

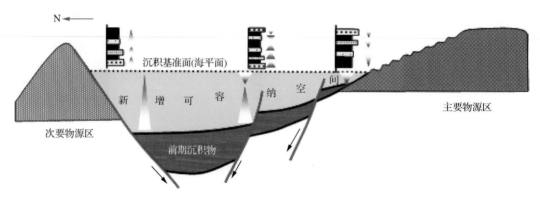

图 4.1 同生断层对层序构型的控制示意图(据邓宏文等,2008,修改)

这种沉降样式造成了地层样式的重大变化。根据基底沉降的幅度与海平面下降的幅度的比较,Posamentier 等(1993)将前陆盆地划分出 A 带和 B 带(图 4.2):A 带的特点是基底沉降的速率总是比全球海平面下降的幅度大,因此,相对海平面总是上升,只是在全球海平面升降的过程中,相对海平面变化速率有快有慢,常常形成Ⅱ型层序界面和Ⅱ型层序。B 带明显不同于 A 带,基底沉降的幅度较小,全球海平面下降的幅度最终要超过基底沉降的幅度。因此,在全球海平面升降过程中,相对海平面既有上升周期也有下降周期,常常形成Ⅰ型层序界面和Ⅰ型层序。

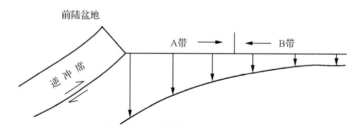

图 4.2 前陆盆地横切面示意图
在前陆盆地中,沉降幅度向陆地方向逐渐增大

不同程度和类型的构造运动、断层活动方式的差异,造成盆地的可容纳空间的产生、沉积物的充填及相对海平面变化的不同,从而反映在电性特征、地层叠置特征及地震反射特征上。多期性逆冲断裂的活动,发育时间较长,使地形坡度较大,层序的垂向厚度较大。目的层段发育时期有过规模较大的构造挤压,使得百口泉组下部地层遭受剥蚀,层序厚度小或者不发育。

4.1.2 湖平面升降

低频湖平面升降控制了二级甚至更高级别的层序旋回,整个盆地都受其升降的影响;高频湖平面的升降控制了中期旋回的变化,它的横向变化幅度很大,盆地不同区域有不同的旋回周期和升降变化。可容纳空间是指可供沉积物潜在堆积的空间,而湖平面升降正是可容纳空间的主控因素。通过研究发现,可容纳空间实际上是湖平面和构造沉降的函数。即构造活动影响着可容纳空间的变化。在湖平面变化规律相同的情况下,不同构造沉降速率所造成的可容纳空间不同。由于构造沉降和水深均起始于零,可以认为相对湖平面变化代表可容纳空间的变化(图 4.3)。

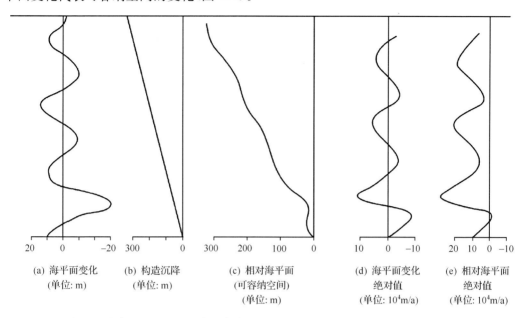

图 4.3　海平面升降变化和构造沉降综合作用造成的相对海平面变化(Posamentier Vail,1988)

实际上仅考虑相对海平面变化或沉积物可容纳空间存在与否是不够的,还必须考虑其变化速率。一般来说,当相对海平面变化或沉积物可容纳空间为正时,地层构型受沉积物供给作用的影响强烈。当沉积物供给速率超过相对海平面变化或沉积物可容纳空间的增长速率时,将发生进积,此时海岸线向海盆方向逐渐推进;如果沉积物供给速率与相对海平面变化或沉积物可容纳空间的增长速率大致相等时,将发生加积作用;当沉积物供给速率小于相对海平面变化或沉积物可容纳空间的增长速率时,将出现退积,此时海岸线向陆地方向逐渐迁移。

当构造沉降速率很慢时,最大可容纳空间发育在湖平面升降最大的地方。当湖平面下降到它的初始位置时零线,可容纳空间下降到由构造沉积所产生的空间之处。随着构造沉降速率的增加,最大可容纳空间出现的时间推迟,以至当湖平面下降时,因构造沉降速率很高,可容纳空间并未降低。

4.1.3　沉积物供给

沉积物供给量决定了层序的发育规模及层序的构成样式。沉积物供给量丰富,则层序发育完整,地层厚度大、延伸远,准层序(parasequence)多个叠置,重复出现,层序(sequence)和复合层序(composite sequence)发育。

沉积物供给量本身主要受构造和气候的控制,抬升的构造运动和潮湿的气候有利于沉积物源的风化和剥蚀,从而可增加沉积物的供给量。很多前陆盆地紧邻造山带逆冲的岩席,因此,沉积物的供给量往往非常巨大。如果气候潮湿,剥蚀速度加快,沉积物的供给量就更加巨大(图 4.4)。

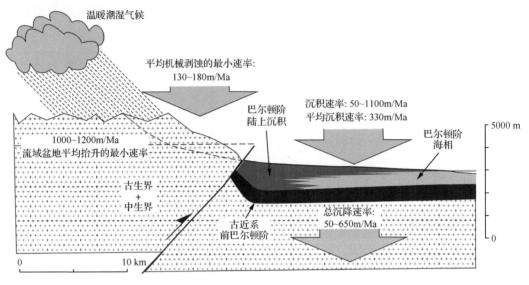

图 4.4 前陆盆地构造-沉积和构造-地貌背景以及控制其发育的地质作用概念模式
(Lopez-Blanco 等,2000)

Lopez-Blanco 等(2000)对前陆盆地层序形成的控制因素进行了研究,认为层序在不同的级别存在不同的主控因素。前陆盆地的构造背景很特殊,由于碎屑楔形体的逆冲作用,造山带的大幅抬升,同时构造负荷作用,前陆盆地快速沉降,两种作用的结果造成地貌的陡峻,从而造成强烈的剥蚀作用和沉积物供给量陡然增加,并在前陆盆地大量堆积。其认为作为潮湿气候和盆地边缘的逆冲推覆作用的综合效应,沉积物供给量的不断增加明显成为层序发育至关重要的控制因素。相对于因构造和沉积负荷造成不断增加的可容纳空间,不断增加的沉积物供给量使盆地从近补偿状态逐渐向过补偿状态过渡。在整个扇三角洲沉积期间,沉积物供给异常丰富,不但将全部可容纳空间完全充填,而且最终将扇三角洲表面保持在海平面附近或海平面之上。

4.2 层序地层划分方案

本次研究依据层序地层学的基本原理,遵循点→线→面的研究流程,采用井震结合的手段对研究的目的层段进行层序地层划分,建立等时地层格架,为沉积体系展布研究确立研究单元,同时对层序发育的控制因素及充填特征进行分析,从而为研究层序不同部位沉积体系的类型和分布打下基础。

本研究区域玛湖凹陷属于准噶尔盆地中的一个三级构造单元,研究层段发育时期处于前陆阶段,主要为近源扇三角洲沉积,地层以厚层的砂砾岩为主(图 4.5)。因此,采用经典层序地层学不能对研究区的地层进行精细层序划分;加上研究层段深度大,目的层段较薄,地震数据体多,井资料较少,三分层序的识别比较困难,为此,主要采用 Cross(1994)建立的高分辨率层序地层学来研究各目的层段的层序格架及演化。

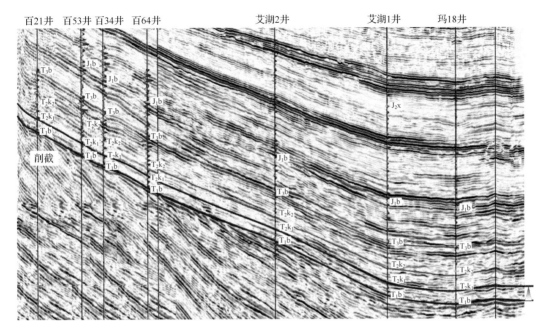

图 4.5　玛湖凹陷地震格架剖面

4.2.1　界面识别原则

层序界面的识别是层序划分与建立等时层序格架的基础,总结层序界面识别标志,对层序地层的正确划分具有重要意义。由于前人在该区域的目的层段主要以地层层组为单元开展研究,尚未有人做过层序地层方面的研究,在划分层序、建立等时格架之前应首先在单井、连井和地震上识别出不同级别的层序界面。

准确识别和划分层序边界是确保正确划分层序,进行层序横向对比的关键和基础。层序的划分是以不整合面及沉积旋回为依据,具体反映岩石的岩性、沉积物的颜色、沉积序列的叠置样式,以及测井、地震资料所反映的其他沉积和层序的特征,最后综合各种因素对地层进行划分和对比。在进行层序划分时,应遵循以下 3 条原则。

(1)能够反映盆地的构造特点。即反映出盆地隆、凹的格局、盆地沉降中心和沉积中心的迁移,以及盆地的垂向演化特点等。例如,裂陷期、深陷期和拗陷期的盆地特征是不同的。裂陷期盆地构造作用强,具有明显的地形高差,沉积厚度变化显著;深陷期控盆断裂持续活动,水体变深,深水沉积作用发育,泥岩厚度大且稳定;拗陷期盆地构造活动稳定,地形高差不明显,区域地层趋于稳定。

(2)应具有等时性和统一性。所划分和对比的各级层序应为同一时期的沉积体,为同一期构造运动下形成的地质单元。为了确保等时性,层序划分和对比应按界面级别由大到小的顺序逐级进行对比和追踪。超层序可在全盆地范围内统一,层序应在一个凹陷内统一,准层序组单元应在统一的构造带内统一,准层序及其以下的层序单元可能仅在一种沉积体系内统一。

（3）需能反映沉积的旋回。首先选择规模最大、间断持续时间最长的层序界面进行追踪对比，在同一体系域内，沉积旋回类型及分布是基本一致的。通过不同尺度的沉积旋回体划分和对比，进行目的层的高分辨率层序地层格架体系划分。但要注意的是，这里的沉积旋回强调的是他旋回（多个自旋回的组合），而非自旋回。

4.2.2 单井界面特征

单井层序界面特征识别主要是分析各种界面在钻、测井资料上的响应特征，建立其对应关系。下面分析研究工区内单井上的各种界面特征，建立其识别标志。

不同地区的沉积环境不同，发育的岩石类型也各异，因此应选取最能反映沉积物岩性、岩相的垂向变化的测井系列，进而揭示基准面旋回的变化。研究区目的层段以陆源粗碎屑沉积为主，由于泥质含量高，自然伽马不能明显地反映旋回特征，主要用自然伽马曲线与电阻率曲线综合推断出粒径和沉积能量的变化；声波时差在单井不整合面的识别上具有比较好的响应特征。这几种曲线配合起来研究层序界面，会更准确、更有效、更实用。因此，本次研究在确定单井层序界面时主要参考自然伽马、电阻率和声波时差。

一般单井上识别各种界面，有 4 个标准：①低伽马、高电阻率为层序界面，而低电阻、高伽马对应湖泛面；②河道冲刷面及其上覆滞留沉积，对应的测井曲线表现为箱形或钟形，底部为突变接触，表明水体由相对较深到突然变浅的过程；③陆上沉积物直接覆盖在水下沉积物之上，反映可容纳空间突然变小；水下沉积直接覆盖在陆上沉积物之上，反映可容纳空间开始增大；④垂向上岩相类型转换的位置，对应于测井曲线上，表现为沉积旋回的转换，如进积与退积之间的转换面通常为层序界面，退积与进积之间的转换面通常为湖泛面。

根据这 4 个标准，在研究区的单井上识别出了两种界面的 3 种特征（图 4.6）。层序界面通常对应于区域不整合面或沉积间断面，在岩性上常表现为大型河道冲刷面、岩性突变面，测井曲线上则通常为突变接触，表现为箱形或钟形曲线的底部。此外，地层的进积叠加方式到退积叠加方式的转换面往往也指示层序界面。

最大湖泛面形成于湖平面达到最高、湖岸上超点向陆延伸最远的时期，是层序内重要的分界面。在测井、录井资料上，该界面以下表现为退积，界面以上表现为进积。测井曲线上表现为高自然电位和高伽马、高声波时差，在垂向序列上表现为“细脖子”段，相关的钻井和岩心资料表现为向上颜色加深、粒度变细的沉积序列顶部的泥岩段（中期、短期旋回层序）或位于大套泥岩段的中、上部（长期旋回层序）。最大湖泛面是 A/S 最大时期，是碎屑物供给不足或沉积作用很缓慢的表现。

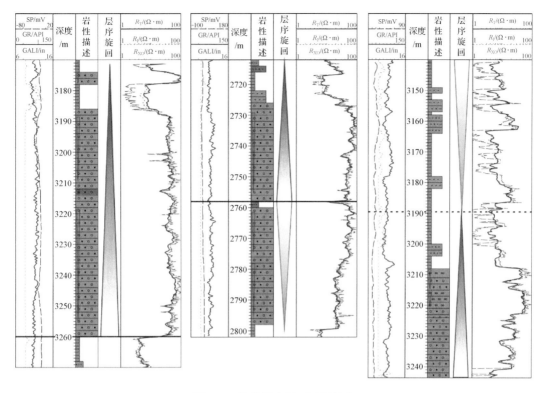

图 4.6　单井层序界面识别标志

4.3　地震层序分析

沉积地层的形成过程有 4 种,即沉积作用、侵蚀作用、沉积物过路冲刷作用和沉积物欠补偿形成的饥饿性沉积乃至无沉积作用。每种沉积作用在地震剖面上都具有一定的反射特征,通过地震同相轴的平行或近于平行、同相轴之间的相交接触关系(削截、上超、下超、顶超)就可以识别出相应的界面。

玛湖凹陷在发育的过程中构造活动强烈,三叠系与二叠系之间为区域不整合,削截地震反射明显,为典型层序界面。由于百口泉组沉积厚度较薄,内部湖泛面地震反射特征不明显。因此,在百口泉组地震上识别出了层序界面,最大湖泛面特征不明显,只能识别出上部相应的最大湖泛面。层序界面的地震响应包括削截、下切沟谷、上超,最大湖泛面的地震反射特征包括有视削截、下超等响应(图 4.7)。

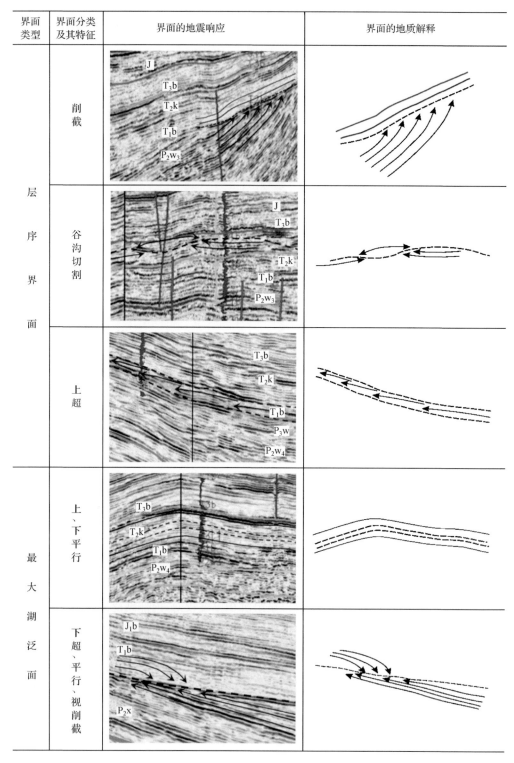

图 4.7　玛湖凹陷层序界面地震反射特征

4.4　钻测井层序划分

4.4.1　Inpefa 技术测井层序分析

1. Inpefa 技术层序划分原理

测井曲线频率的变化可作为频谱参数(maximum entropy spectral analysis,MESA)转化 Pefa(prediction error filter analysis)曲线,并对其进行积分得到 Inpefa(integrated prediction error filter analysis)曲线(图 4.8),Inpefa 曲线的形态变化可作为识别地层界线的标志(路顺行等,2007),它能够显示通常在原始测井曲线中显示不出来的趋势和模式。

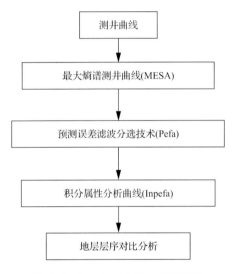

图 4.8　Inpefa 技术其处理流程图

Inpefa 曲线的关键特征是曲线趋势和它中间的拐点。在通常情况下,Inpefa 曲线中一个完全正的趋势(曲线数值由左向右变大、曲线形态由左向右升高)意味着一种气候逐渐湿润的水进过程;一个完全负的趋势意味着一种气候逐渐干旱的水退过程;而转折点则指示一个层序界面或层序内的特征界面(海侵面或洪泛面),其中负向拐点(曲线形态由升高变为降低,对应 Pefa 曲线的负向尖峰)代表可能的层序界面,正向拐点(曲线形态由降低变为升高,对应 Pefa 曲线的正向尖峰)代表可能的洪泛面;不同级别的拐点指示不同级别的等时界面(图 4.9)。所以,这种 Inpefa 曲线上的转折点都有不同级别(1、2、3 级)或不同类型(角度不整合面、平行不整合面或与其相对应的整合面)的层序界面与之对应。利用 Inpefa 曲线的这种性质,可以作为各级次界面的识别标志,甚至分析某较高级别层序内曲线的形态和转折点能够准确标定更低级次的层序界面。

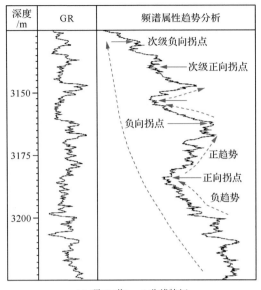
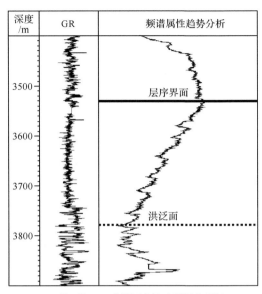

(a) 玛134井Inpefa曲线特征　　　　(b) 玛18井Inpefa曲线层序界面及洪泛面特征

图 4.9　Inpefa 曲线特征示意图

2. 短期旋回识别

最大湖泛面形成于湖平面达到最高、湖岸上超点向陆延伸最远的时期,是层序内重要的分界面。在测井、录井资料上,该界面以下表现为退积,界面以上表现为进积。测井曲线上表现为高自然电位和高伽马、高声波时差,在垂向序列上表现为"细脖子"段,在岩心上为表现为向上颜色变深、粒度变细的沉积序列顶部的泥岩段(中期、短期旋回层序)或位于大套泥岩段的中、上部(长期旋回层序)。最大湖泛面是 A/S 最大时期,是碎屑物供给不足或沉积作用很缓慢的表现。

旋回识别可通过 A/S 变化的趋势分析进行,短期基准面旋回界面的识别标志有以下几点。

(1) 利用测井曲线形态分析基准面旋回主要包括曲线的幅度、曲线的形态、曲线的光滑程度及接触关系:低伽马、高电阻率为层序界面,而低电阻率、高伽马对应湖泛面(图 4.10)。

(2) 河道冲刷面及其上覆滞留沉积,对应的测井曲线表现为箱形或钟形,底部为突变接触,表明水体由相对较深到突然变浅的过程(图 4.11)。

(3) 基准面突然上升,即发生短期内的可容纳空间突然变大,水体突然变深,浅水沉积物与深水沉积物上下直接接触,几乎无过渡沉积物(图 4.12)。

(4) 垂向上岩相类型转换的位置,对应于测井曲线上,表现为沉积旋回的转换,如进积与退积之间的转换面通常为层序界面,退积与进积之间的转换面通常为湖泛面(图 4.13)。

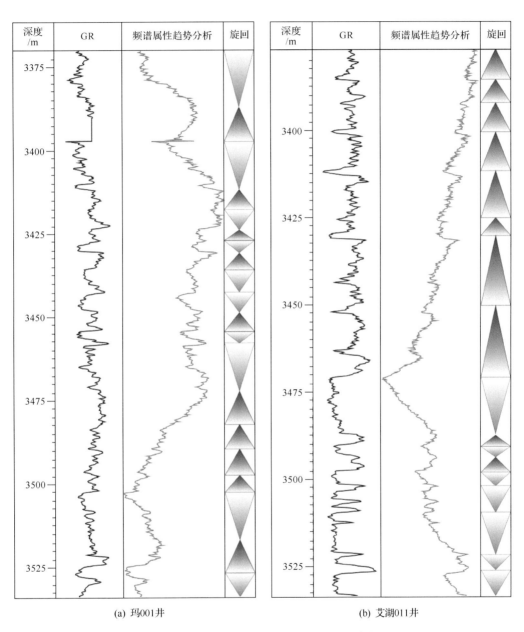

(a) 玛001井   (b) 艾湖011井

图 4.10 短期旋回界面与湖泛面的测井响应

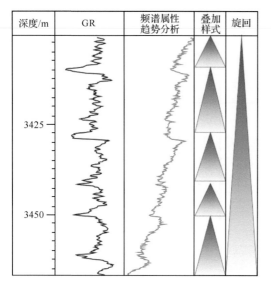

图4.11 河道冲刷面造成测井响应的
突变接触(艾湖011井)

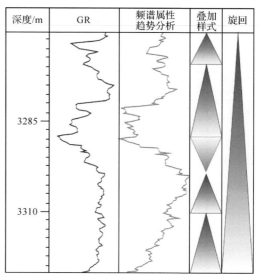

图4.12 可容纳空间突然变大对应的
测井曲线特征(克81井)

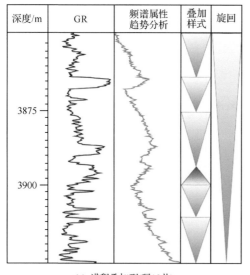

(a) 进积叠加型(玛18井)

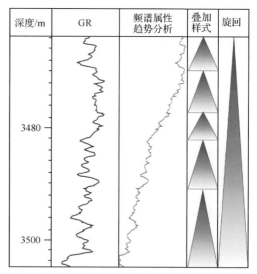

(b) 退积叠加型(玛001井)

图4.13 岩相类型的转换标志着基准面旋回发生变化

岩心短期基准面旋回的标志:以取心剖面来识别短期基准面旋回,并以此来确定短期基准面旋回界面的性质是极其重要的。利用岩心剖面的结构变化、地层终止方式和上下地层的接触关系可以识别出短期基准面旋回。通过研究区域玛湖凹陷各目的层段取心井的岩心识别短期旋回与Inpefa曲线具有很好的对应关系(图4.14)。

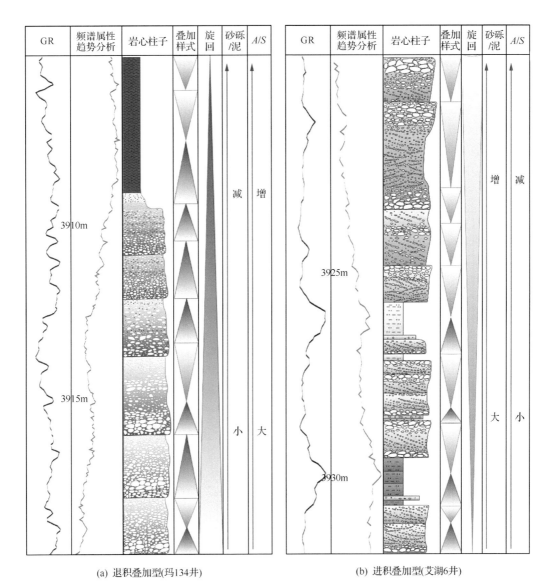

图 4.14　岩相类型的转换标志着基准面旋回发生变化

3. 中期旋回识别

具有特定叠加样式的一组短期旋回组合构成中期基准面旋回,它是在大致相似的地质背景下形成的一套成因上有联系的岩石组合,这些叠加样式常常具有鲜明的测井响应。

向湖盆方向推进的叠加样式(进积),形成于中期基准面下降时期,此时 $A/S<1$,即沉积物补给速率大于可容纳空间增加速率。相邻的短期旋回,其上覆的短期旋回在沉积学、岩石学方面的性质与下伏旋回相比具有可容纳空间减小的特征。

向陆推进的叠加样式(退积)形成于中期旋回的上升时期,此时 $A/S>1$,即可容纳空间增加速率大于沉积物供给速率,上覆短期旋回性质与相邻下伏短期旋回相比,在沉积学、岩石学方面表现为可容纳空间增大的特征。

短期基准面旋回呈加积的叠加样式,则出现在中期基准面上升到下降的转换时期,$A/S=1$,相邻短期旋回形成时,可容纳空间的变化不大。利用以上 3 种短期旋回的叠加样式来确定中期旋回。

中期基准面旋回的确定是在短期基准面旋回叠加样式分析的基础上进行的,通常与 4 级层序相对应。在不同的地区及不同的层段中组成中期基准面旋回的短期基准面旋回叠加形式是不同的。从理论上讲,存在 3 类短期旋回叠加样式:退积型、进积型和加积型,根据短期旋回的对称程度又可分为 6 种(表 4.2)。

表 4.2 短期旋回叠加样式模式表

通过 A/S 变化的趋势分析,玛湖凹陷百口泉组主要发育 4 种短期旋回叠加样式:由进积组成的进积叠加样式、由退积组成的退积叠加样式、由进积组成的退积叠加样式,以及由进积组成的加积叠加样式(图 4.15),根据这些短期旋回组成的叠加样式,以对中期旋回进行划分,进而对全井段层序旋回进行识别,明确百口泉组层序旋回演化的特征。

4.4.2 井层序划分

根据 Inpefa 曲线进行短期旋回的识别,依据短期旋回叠加样式及 A/S 分析,将百口泉组划分为一个长期旋回 LSC1 和 3 个中期旋回 MSC1、MSC2、MSC3。根据单井层序划分可以发现百口泉组长期旋回 LSC1 为一期不完整旋回,仅为上升半旋回,反映了百口泉组为整体湖侵退积的层序旋回。中期旋回 MSC1、MSC2 和 MSC3 基本完整,且以下降半旋回为主,体现出扇三角洲内部进积的层序旋回,且整体为退积序列(图 4.16)。

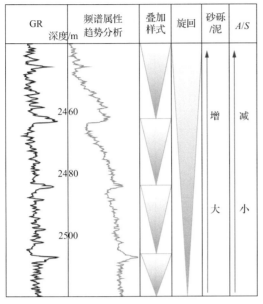

(a) 由进积组成的进积叠加样式(黄3井)

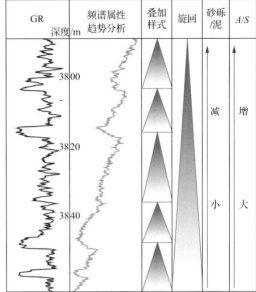

(b) 由退积组成的退积叠加样式(艾湖2井)

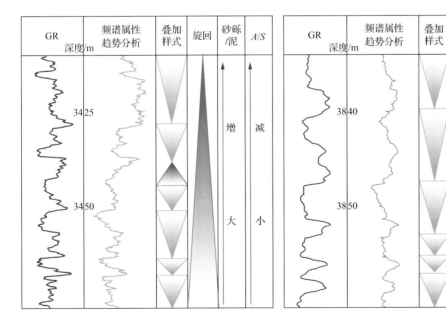

(c) 由进积组成的退积叠加样式(玛001井)

(d) 由进积组成的加积叠加样式(艾湖011井)

图 4.15　短期旋回叠加样式

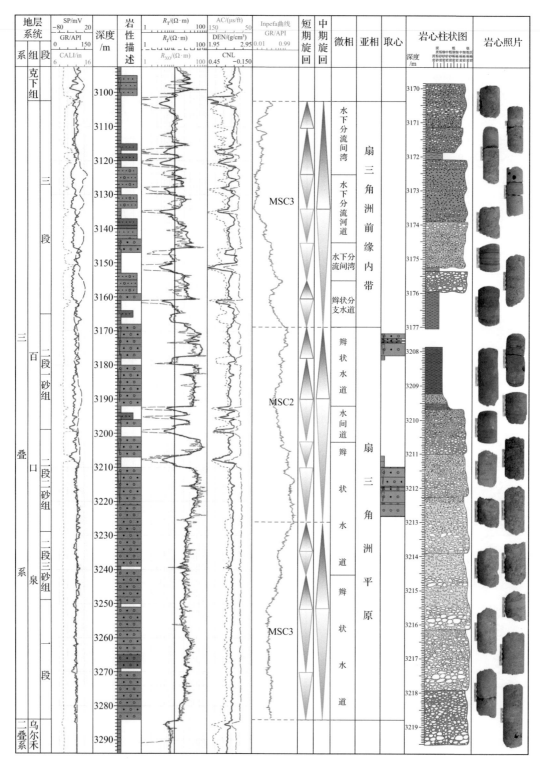

图 4.16　玛 134 井百口泉组层序划分

中期旋回 MSC1 相当于百一段地层,Inpefa 曲线由下向上逐渐减小,在顶部最小值处为 MSC1 的顶界面。该段岩性以绿灰色、褐灰色砂砾岩为主,夹棕灰色含砾泥岩,测井曲线上显示自然伽马曲线为齿状、箱形,短期旋回叠置关系明显,总的变化趋势为向上变粗,属水退进积。

中期旋回 MSC2 为完整的一期旋回,Inpefa 曲线先升后降,最小值处为旋回的顶底界面,而最高值处为最大湖泛面。钻井资料显示中下部为以绿灰色砂砾岩为主,夹薄层褐灰色泥岩,测井曲线上自然伽马曲线为齿状箱形、线形,短期旋回叠加关系总的变化趋势为水进退积旋回。上部为厚层绿灰色砂砾岩,局部为褐色泥岩,向上变粗,测井曲线上显示自然伽马曲线为齿状、漏斗形,呈水退进积旋回。

中期旋回 MSC3 下部岩性以绿灰色、灰绿色、棕灰色砂砾岩为主,夹薄层褐灰色泥岩,岩性旋回明显,测井曲线上显示自然伽马曲线为箱形、舌形,上部为厚层泥岩夹绿灰色砂砾岩,岩性旋回较明显,测井曲线上显示自然伽马曲线为齿形、线形,短期旋回叠加关系总体趋势为向上变细,为水进退积旋回。

百口泉组砾岩类型与沉积特征 第5章

截至目前,玛湖凹陷百口泉组取心井 79 口,共计 1317.73m。通过对砾岩粒度、颜色、组分、分选、磨圆、排列方式、支撑结构、沉积构造、沉积规模等方面进行观察描述,并对所有井段写实描绘出大比例尺(1∶50)岩心综合柱状图(图 5.1、图 5.2),最终对砂砾岩储层进行岩相总结分类,建立不同成因类型的砂砾岩沉积序列。

5.1 砾岩沉积特征

综合岩心观察描述与微观物性分析,并结合录井岩性与测井响应,对玛湖凹陷斜坡带砾岩的粒度、颜色、组分、岩石组分、岩石结构、沉积构造及岩相等特征进行了详细研究,并对砾岩在玛北、玛西、玛南及玛东地区的特征进行了比较研究。

5.1.1 岩石类型

现在通用的碎屑岩粒级划分标准为 Wentworth(1944)提出的以 2 为幂作为划分碎屑沉积颗粒的粒级标准。该标准中泥岩粒度小于 0.0039mm[$>8\Phi$(Φ 为粒径值)],粉砂岩的粒度介于 0.0625~0.0039mm(4~8Φ),砂岩粒度 2~0.0625mm(−1~4Φ),砾岩主要由粒度大于 2mm($<-1\Phi$)的粗碎屑颗粒组成(表 5.1)。该粒度划分标准中砾岩的划分范围跨度大,粒度大于 2mm 的均为砾岩,其中细砾为 2~4mm,中砾为 4~64mm,粗砾为 64~256mm,巨砾大于 256mm。不难看出,这样的砾岩划分较为笼统,更适于地表露头宏观层次的描述,对于取心直径为 10cm 的岩心来说,观察范围较为局限,且 4mm"细如黄豆"与 64mm"粗如土豆"的碎屑颗粒均属于中砾,但二者反映的水动力条件可能有很大的差异。因此,需要建立适于本区的砾岩粒度划分方案(表 5.1)。

表 5.1　砾岩粒级划分标准　　　　　　　(单位:mm)

粒度名称	Wentworth(1944)		国家标准		本书划分标准		
巨砾	>256	<−8	>128	<−7	>128		<−7
粗砾	64~256	−6~−8	32~128	−5~−7	32~128		−5~−7
中砾	4~64	−2~−6	8~32	−3~−5	大中砾	16~32	−4~−5
					小中砾	8~16	−3~−4
细砾	2~4	−1~−2	2~8	−1~−3	2~8		−1~−3

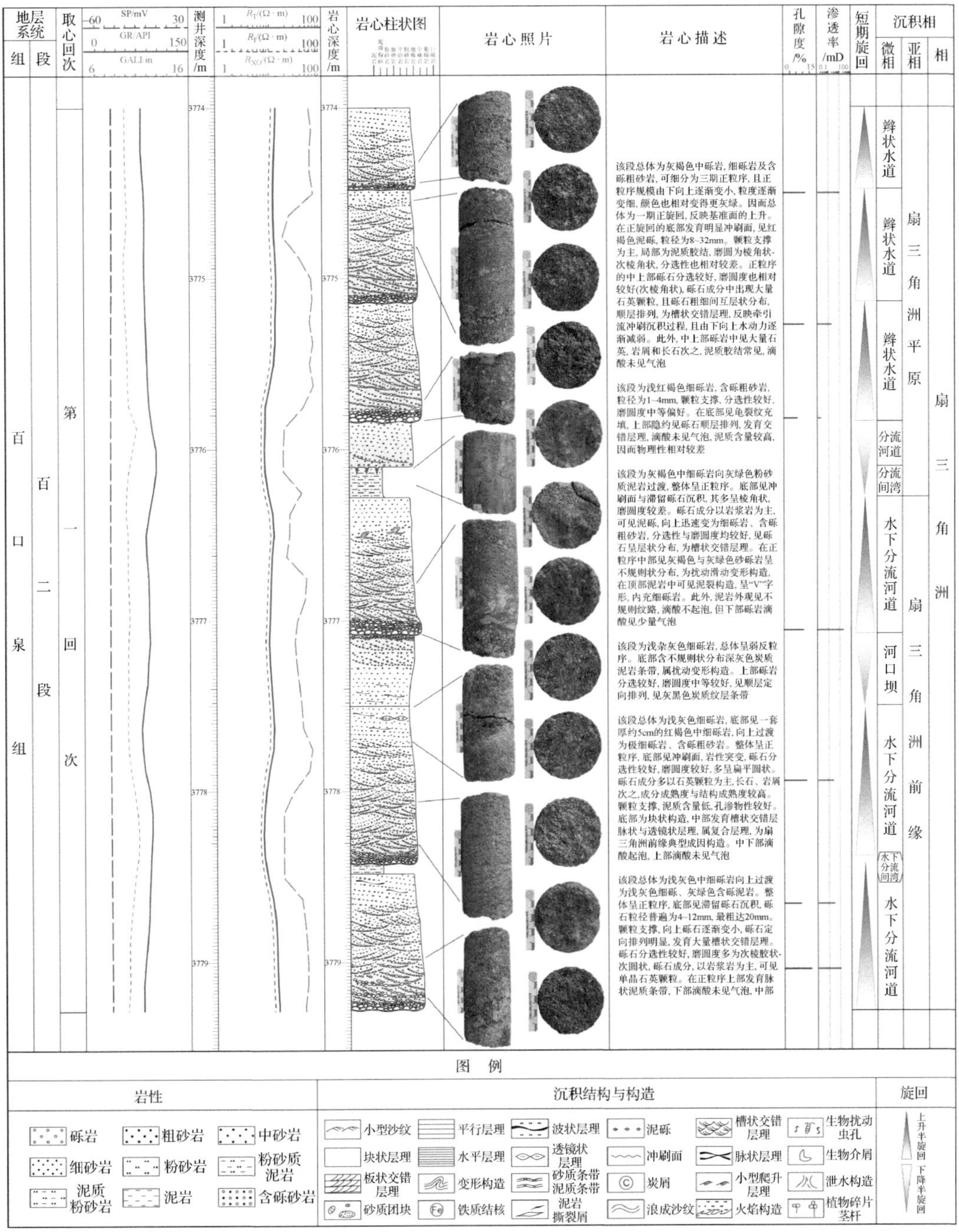

图 5.1　玛湖 3 井百口泉组取心段岩心综合描述柱状图

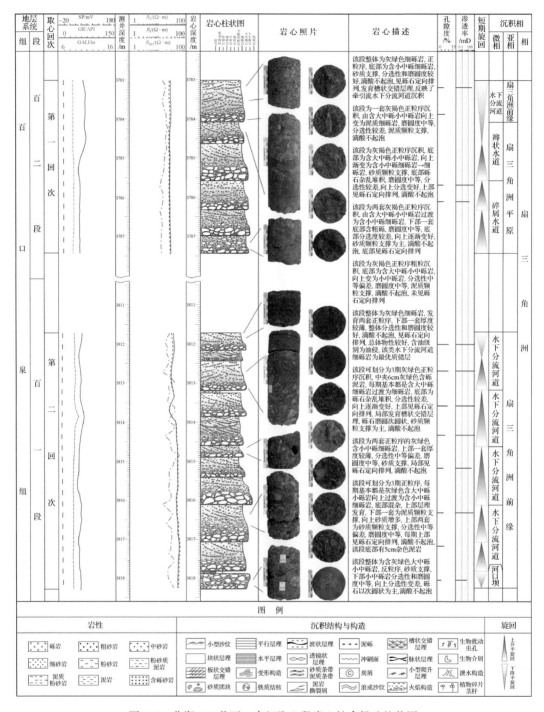

图 5.2　艾湖 013 井百口泉组取心段岩心综合描述柱状图

岩心观察发现百口泉组砾岩的粒径主要分布在 2～100mm,并结合国家标准《沉积岩岩石分类和命名方案》,对砾岩的粒度进行重新分级,尤其是对中砾岩进行了细分,细砾岩为 2～8mm(−1～−3Φ),中砾岩细分为小中砾岩 8～16mm(−3～−4Φ)与大中砾岩 16～32mm(−4～−5Φ),粗砾岩为 32～128mm(−5～−7Φ),巨砾岩＞128mm(＜−7Φ)(表 5.1、图 5.3)。

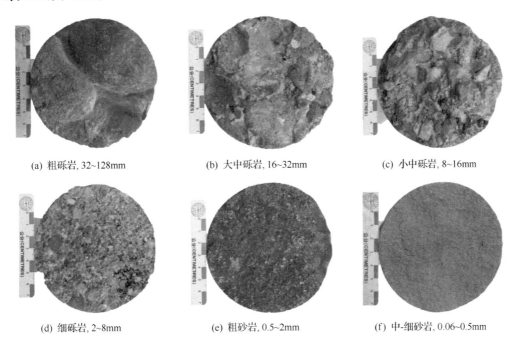

(a) 粗砾岩, 32~128mm　　　(b) 大中砾岩, 16~32mm　　　(c) 小中砾岩, 8~16mm

(d) 细砾岩, 2~8mm　　　(e) 粗砂岩, 0.5~2mm　　　(f) 中-细砂岩, 0.06~0.5mm

图 5.3　百口泉组不同粒度砂砾岩典型岩心照片

百口泉组扇三角洲平原相带的砾岩较粗,主要为大中砾岩和粗砾岩,砾岩分选性差,磨圆度中等-较好[图 5.4(a)、图 5.4(b)、图 5.4(c)]。扇三角洲前缘砾岩粒度中等,主要为小中砾岩和细砾岩,砾岩分选中等,磨圆较好[图 5.4(d)、图 5.4(e)、图 5.4(f)]。

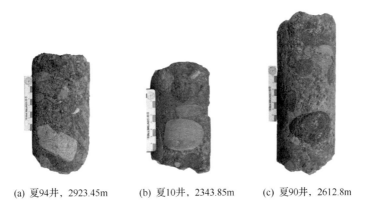

(a) 夏94井, 2923.45m　　(b) 夏10井, 2343.85m　　(c) 夏90井, 2612.8m

| (d) 玛18井，3872.38m | (e) 玛134井，3217.45m | (f) 玛湖3井，37783.65m |

图 5.4　百口泉组砾岩粒度特征

5.1.2　颜色特征

沉积岩颜色是沉积岩形成时的物质来源、沉积环境及气候条件的综合体现。按形成的成因，沉积岩颜色可分为三类：继承色、自生色、次生色。其中，继承色主要决定于碎屑颗粒的颜色，如长石砂岩多呈红色，纯石英砂岩呈白色。自生色决定于沉积物堆积过程中及其早期成岩过程中自生矿物的颜色，如海绿石。次生色是在后生作用阶段或风化过程中，原生组分发生次生变化，由新生成的次生矿物所凸显的颜色。

砾岩的继承色主要体现在部分砾岩中，砾石颗粒的颜色基本反映了砾岩的颜色，这是因为砾岩组分中占主体的砾石颗粒较粗，且砾石组分类型相对稳定。此外，砾岩填隙物的颜色也对整体颜色有很大的影响。其中，以花岗岩母岩碎屑为主的砾岩，由于酸性岩中长石含量较高，所以砾岩整体红褐色或灰褐色为主[图 5.5(a)、图 5.5(b)]。以沉积变质岩碎屑为主的砾岩，尤其是泥岩、板岩导致砾岩整体呈褐灰色、绿灰色[图 5.5(c)、图 5.5(d)]。填隙物以泥质为主时，砾岩颜色呈灰绿色(灰绿色泥岩)或红褐色(红褐色泥岩)[图 5.5(e)、图 5.5(f)]。

需要注意的是，有些岩心虽然外部呈红褐色，但岩心新鲜面颜色为灰绿色，反映了岩心表面受到了风化。由于一些钻井取心时间较久，表面受到风化的现象也经常出现。

泥岩的颜色由于黏土矿物碎屑单一，且沉积速率缓慢，其颜色更能反映沉积氧化-还原环境。百口泉组泥岩有深灰色、灰绿色、杂色、红褐色(图 5.6)，分别代表还原环境、弱氧化-弱还原、氧化环境，对应的沉积微相为前扇三角洲泥、水下分流间湾、水道间。通过统计观察发现，杂色与红褐色泥岩发育较广、层段较厚，进一步反映了早三叠世炎热干旱的古气候背景。

5.1.3　岩石组分

沉积岩的组分特征是指岩石颗粒与颗粒间填隙物的组成成分。部分砾岩的组分可通过肉眼直接识别，大部分需要进行薄片分析来完成。母岩对沉积岩组分起到了决定性作用，而母岩性质对沉积岩的物性和沉积特征均具有一定的影响作用。母岩易于风化，受改造作用越强，形成细粒沉积物的可能性大，颗粒间更容易被充填细粒沉积，岩石物性相对更差。

(a) 红褐色，玛152井，3256.2m   (b) 灰褐色，玛15井，3071.15m   (c) 杂褐色，玛西1井，3648.4m

(d) 褐灰色，百65井，3382.3m   (e) 绿灰色，夏55井，2030.9m   (f) 灰绿色，玛湖2井，3242.45m

图 5.5 百口泉组典型砾岩颜色

(a) 深灰色，克303井，3538.2m   (b) 灰绿色，玛003井，3474.5m

(c) 杂色，玛005井，3314.35m   (d) 红褐色，夏94井，2865.55m

图 5.6 百口泉组典型泥岩颜色

1. 砾岩组分

根据砾岩的成分进行分类,百口泉组砾岩主要为多成分砾岩,砾岩成分多样,岩浆岩、变质岩及沉积岩均有,其中岩浆岩砾石含量大于50%,反映沉积母岩主要为石炭系火山喷发形成的岩浆岩。

岩浆岩砾石中以花岗岩为主,这种酸性喷出岩风化后泛红色,造成砾岩呈红色,且花岗岩砾岩硬度适中,容易被侵蚀,因而粗砾岩的磨圆度较好,但附带形成一些细粒沉积物,造成砾岩分选相对较差。花岗岩砾岩主要分布在夏子街扇[图5.7(a)、图5.7(b)、图5.7(c)]。

(a) 玛152井,3256.2m   (b) 玛16井,3220.64m   (c) 玛131井,3192.77m

(d) 玛西1井,3585.66m   (e) 金龙8井,3093.45m   (f) 克303井,3535.42m

图5.7 砾岩组分岩心特征

变质岩砾岩中以板岩为主,这种泥质变质岩颜色较深,呈暗灰色,且硬度较大,不容易被改造侵蚀,细粒泥质沉积物也不易形成,因此变质岩砾岩较为"干净",颗粒间黏附度较低,颗粒间孔隙较大。变质岩砾岩主要分布于玛西地区和玛南地区[图5.7(d)、图5.7(e)]。

沉积岩砾岩中以泥岩和砂岩为主,反映了沉积物的二次搬运。颜色呈浅灰色,易于被侵蚀改造,砾石颗粒间孔隙发育程度中等,在砾岩内部也有一定的储集空间。沉积岩砾岩在各区均有分布,但发育程度有限[图5.7(f)]。

2. 填隙物组分

百口泉组砾岩填隙物组分主要包括胶结物和杂基,胶结物包括黏土矿物与碳酸盐矿物,杂基包括泥质和粉砂质杂基(表5.2),其中黏土矿物胶结物主要包括高岭石、伊利石、绿泥石及伊-蒙混层。

表 5.2 百口泉组填隙物类型

填隙物	类别		含量/%
胶结物	黏土矿物	高岭石	20
		伊利石	15
		绿泥石	25
		伊-蒙混层	35
	碳酸盐矿物	方解石	5
杂基	泥质		65
	粉砂质		35

　　黏土矿物胶结是百口泉组砾岩最主要的胶结方式,主要表现为孔隙衬垫(也称黏土或颗粒包壳)与孔隙充填两种产状类型。绿泥石、伊利石、高岭石及伊-蒙混层是玛湖凹陷百口泉组常见的黏土矿物胶结物(图 5.8)。

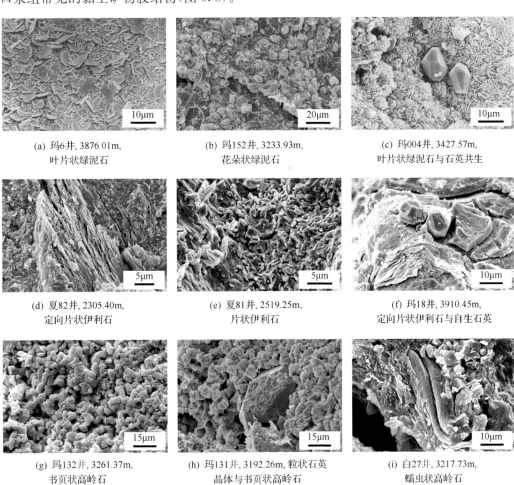

(a) 玛6井, 3876.01m,
叶片状绿泥石

(b) 玛152井, 3233.93m,
花朵状绿泥石

(c) 玛004井, 3427.57m,
叶片状绿泥石与石英共生

(d) 夏82井, 2305.40m,
定向片状伊利石

(e) 夏81井, 2519.25m,
片状伊利石

(f) 玛18井, 3910.45m,
定向片状伊利石与自生石英

(g) 玛132井, 3261.37m,
书页状高岭石

(h) 玛131井, 3192.26m, 粒状石英
晶体与书页状高岭石

(i) 白27井, 3217.73m,
蠕虫状高岭石

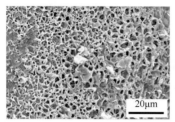
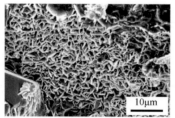
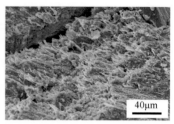

(j) 夏75井, 2412.24m,
蜂巢状伊-蒙混层矿物

(k) 夏81井, 2516.29m,
不规则状伊-蒙混层矿物

(l) 玛131井, 3192.26m, 伊-蒙混层
矿物与粒状石英

图 5.8　百口泉组典型黏土矿物胶结

高岭石在酸性介质下易于形成,多呈书页状和蠕虫状,以孔隙充填状产出。伊利石形成于富含 K^+ 离子的弱碱性溶液中,主要以定向片状的形态出现,集合体形态也多呈碎片状。高岭石与伊利石在酸性环境富含 Fe^{2+}、Mg^{2+}、Fe^{3+} 离子,且 SiO_2 很少的介质条件下可转变为绿泥石,绿泥石主要呈片状与花朵状,附着于岩石颗粒表面,且与自生石英共生。蒙脱石得到大量 K^+ 时,会释放层间水,形成伊利石,百口泉组地层中蒙脱石大量转化为伊利石,发育大量伊-蒙混层矿物,呈蜂巢状与不规则状。

碳酸盐胶结物在本区发育相对较少,仅占 5%,主要分布于玛北地区,在部分岩心上滴酸剧烈冒泡。方解石是最普遍的矿物,主要呈分散状充填于颗粒间,可见与埃洛石与伊利石共生(图 5.9)。

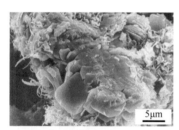

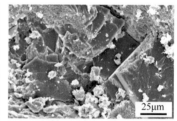

(a) 玛009井, 3608.10m, 碳酸盐类
矿物与丝管状埃洛石

(b) 玛9井, 3679.52m, 方解石与
弯曲片状伊利石

(c) 夏72井, 2725.67m,
碳酸盐类矿物

图 5.9　百口泉组典型碳酸盐矿物胶结

百口泉组砾岩杂基成分主要为泥质与粉砂质,其中由以泥质为主,达 65%(图 5.10)。泥质杂基主要分布于距离物源较近的区域,形成于泥质含量高且快速堆积的沉积过程。颗粒之间充填泥质杂基后,部分颗粒之间不接触而呈漂浮状。

(a) 夏94井, 2844.3m

(b) 夏93井, 2735.26m

(c) 玛152井, 3197.05m

(d) 艾湖4井, 2884.18m   (e) 玛西1井, 3586.99m   (f) 玛西1井, 3591.81m

图 5.10 百口泉组砾岩典型泥质杂基充填

5.1.4 结构特征

作为粗碎屑岩,砾岩的碎屑组分主要为岩屑,矿物碎屑通常出现较少;颗粒间填隙物粒度上限有所提高,通常为中细砂、粉砂,有时还有细砾充填,使粗砾岩呈"漂浮状"。由于砾石颗粒较粗,而取心直径有限,所以砾岩,尤其是中粗砾岩沉积构造在岩心上不能完整地表现出来。因而,对于中粗砾岩,砾岩结构是表现沉积作用过程的主要特征。

砾岩的结构特征主要包括沉积物的粒度、磨圆度、分选性、颗粒间接触关系、支撑形式等,它们是沉积物搬运距离、搬运机制、水动力条件等综合反映。

所谓岩石的结构成熟度是指碎屑沉积物在其风化、搬运和沉积作用的改造下接近终极结构特征的程度。结构成熟度的高低主要通过碎屑的分选性、磨圆度及杂基含量表现出来。如果碎屑颗粒受水流或波浪作用磨蚀改造的程度强,则岩石的结构成熟度高,表现为碎屑的分选好,磨圆度高,杂基含量少;反之,如果水流或波浪的作用程度弱,则岩石的结构成熟度低,表现为碎屑的分选差,磨圆度低,杂基含量高。

总体来说,百口泉组砾岩磨圆度中等偏好,且中砾岩与中粗砾岩磨圆度最好,细砾岩与粗砾岩磨圆度相对较差,多为棱角状和次棱角状。据尤斯特龙效应分析,不同水动力条件对应能够搬运的不同粒度范围的碎屑颗粒,因而中粗砾岩磨圆度最好,反映了中粗砾岩能够发生滚动、跳跃迁移,体现了沉积时动力较强,进而也说明了地形坡度较陡(图5.11)。

分选性则体现了搬运距离和沉积速率,分选越差反映了搬运距离相对较近,且沉积速率快。百口泉组砾岩分选整体较差,仅细砾岩的分选相对较好,粗砾岩较多且分选较差,说明了其主要为近源快速堆积(图5.12)。

砾石颗粒间的接触关系肉眼可直接识别,反映不同的搬运机制及沉积过程,因而是砾岩岩心观察描述的重点。百口泉组砾岩的定向排列,体现了牵引流搬运作用[图5.12(a)、图5.12(b)],同时,也可见直立状砾岩,反映了碎屑流搬运过程[图5.12(c)、图5.12(d)],进而说明百口泉组砾岩具有牵引流与重力流的共同成因。定向排列的砾岩多出现于扇三角洲平原辫状水道与扇三角洲前缘辫状分支水道中,而砾岩的直立状为扇三角洲平原碎屑水道沉积。

(a) 玛152井，3208.78m　　(b) 夏9井，2079.65m　　(c) 夏9井，2048.449m　　(d) 夏90井，2613.45m

(e) 夏10井，2343.66m　　(f) 玛132井，3268.51m　　(g) 夏62井，2442.13m　　(h) 玛18井，3908.15m

(i) 玛湖2井，3242.89m　　(j) 夏94井，2923.3m　　(k) 风南10井，2705.88m　　(l) 玛152井，3240.15m

图 5.11　砾岩磨圆度与分选性特征

(a) 百65井，3361.62m　　(b) 玛005井，3432.2m　　(c) 黄4井，2105.55m　　(d) 检乌25井，2931.11m

图 5.12　砾岩定向排列与直立特征

另外,砾岩的支撑形式具有基质支撑、同级颗粒支撑及多级颗粒支撑,其中多级颗粒支撑占 60% 以上,反映了强水动力的洪流携带沉积物快速沉积是主要的沉积过程(图 5.13)。

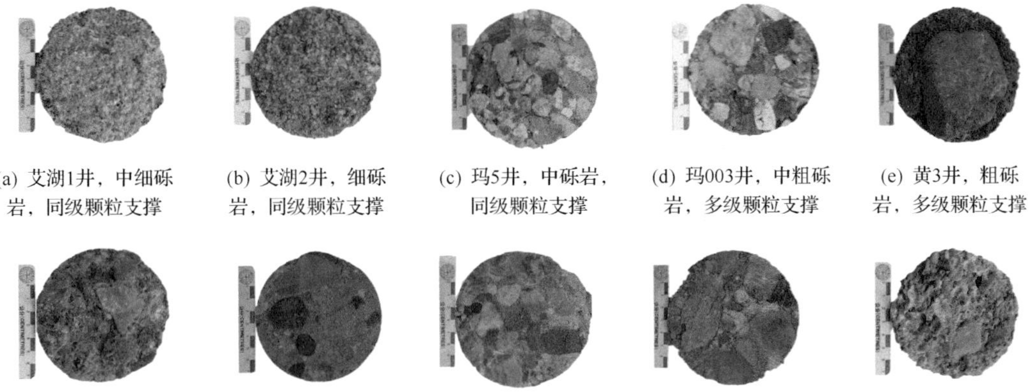

(a) 艾湖1井,中细砾岩,同级颗粒支撑　(b) 艾湖2井,细砾岩,同级颗粒支撑　(c) 玛5井,中砾岩,同级颗粒支撑　(d) 玛003井,中粗砾岩,多级颗粒支撑　(e) 黄3井,粗砾岩,多级颗粒支撑

(f) 玛11井,粗砾岩,砂质基质支撑　(g) 玛004井,中细砾岩,砂质基质支撑　(h) 玛5井,中砾岩,砂基质支撑　(i) 玛16井,中砾岩,砾石质基质支撑　(j) 玛15井,中细砾岩,砾石质基质支撑

图 5.13　砾岩颗粒接触关系特征

5.1.5　沉积构造

沉积构造是指沉积物沉积时,或沉积之后,由于物理作用、化学作用及生物作用形成的各种构造,是识别搬运介质、搬运方式、沉积方式及水动力强弱的重要相标志。

通过对玛湖凹陷百口泉组砾岩 79 口取心井的岩心精细观察描述,发现百口泉组砾岩沉积构造类型相对较为单一,主要以中粗砾岩中发育的快速混杂堆积的块状层理为主,局部在细砾岩中发育槽状交错层理、板状交错层理、粒级层理,以及发育反映重力流沉积特征的变形沉积构造。基本不发育各种层理、波痕、暴露成因构造、化学成因构造及生物遗迹构造等。砾岩沉积物的颜色主要由砾石的继承色决定,而反映沉积环境的泥岩颜色以红褐色、灰绿色为主,主要反映陆上氧化环境与水下弱还原环境。

1. 块状层理

块状层理是指层内物质均匀、组分和结构上无差异、不显纹层构造的层理,在泥岩及厚层的粗碎屑岩中常见。一般认为块状层理是由悬浮物的快速堆积、沉积物来不及分异因而不显纹层,如河流洪泛期快速堆积形成的泥岩层。另外,块状层理也可由沉积物重力流快速堆积而成。该区百口泉组砾岩中发育丰富的块状层理,主要为粗碎屑的砾岩快速堆积形成,在整个环玛湖斜坡带百口泉组大套的砾岩体中,块状层理非常常见,是研究区主要的沉积构造。其中,中细砾岩、中砾岩、中粗砾岩及粗砾岩均有发育,主要发育于中粗砾岩与粗砾岩中(图 5.14)。

(a) 玛18井，3858.24m，中细砾岩   (b) 玛101井，3793.08m，中砾岩

(c) 玛004井，3537.35m，中粗砾岩   (d) 夏92井，2505.32m，粗砾岩

图 5.14　沉积构造-块状层理

2. 槽状交错层理

槽状交错层理层系之间的界面为槽形冲刷面，纹层在顶部被切割。在横切面上层系界面呈槽状，纹层也是与之一致的槽状。在纵剖面上，层系界面呈弧形，纹层与之斜交，视顶面呈花瓣状，因而依据槽状交错层理层系底界可分为同心槽与异心槽。槽状交错层理层系底界冲刷面明显，底部常见泥砾和滞留砾石，多发育于各种水道沉积中，反映了流水牵引沉积构造。在本区百口泉组砾岩中，槽状交错层理主要发育于扇三角洲前缘外带水下分流河道细砾岩中，砾石颗粒呈定向排列，层系界面为槽形冲刷面(图 5.15)。

(a) 玛湖3井，3779.86m，   (b) 艾湖2井，3323.15m，   (c) 达9井，4731.15m，   (d) 玛18井，3873.89m，
　　槽状交错层理　　　　　　　槽状交错层理　　　　　　　板状交错层理　　　　　　　板状交错层理

图 5.15　沉积构造-槽状交错层理与板状交错层理

3. 板状交错层理

板状交错层理层系之间的界面为平面且彼此平行,纹层与层系以不同的方式同向相交。依据纹层与层系的相交方式、层系的多少可进一步划分。大型板状交错层理在水道沉积中最为典型,通常纹层底界可见冲刷面,纹层内部粒度常呈下粗上细的粒度变化,有的还呈纹层向下收敛。玛湖凹陷百口泉组砾岩板状交错层理发育较少,主要发育于辫流坝或河口坝中砾岩、中细砾岩反粒序中(图 5.16),偶尔也在正粒序的中上部发育,反映床沙底形的顺流迁移。

4. 递变层理

递变层理又称粒序层理,从层的底部至顶部,粒度由粗逐渐变细者称为正粒序。递变层理底部常有一冲刷面,内部除了粒度渐变外,不具任何纹层。递变层理有多种成因,可在不同的环境中形成。主要由悬移搬运的沉积物在搬运和沉积过程中,因流动强度较小,流水携带能力减弱、沉积物按粒度大小依次先后沉降而成。一般来说,递变层理是浊积岩中的一种特征性层理,但还有其他成因,如携带有大量悬浮物的河流沉积。百口泉组砾岩中也普遍发育递变层理,主要集中于中砾岩与中细砾岩中[图 5.16(a)],由大量碎屑物悬浮搬运、卸载沉积而成,反映了沉积物供给充沛。

5. 粒级层理

粒级层理又称洪水层理,每期层系内部粒度为正递变,单期层系厚度约为 10～20cm,多期叠加而成粒级层理。洪水携带大量沉积物卸载沉积,由于洪水属于间歇性事件,间歇期较短,且沉积物充足,因而在地质记录中保留为粒级层理。在百口泉组砾岩中,洪水成因的粒级层理多发育于水下分流河道的中细砾岩中,偶见于辫状分支水道中[图 5.16(b)]。

(a) 克303井,3535.87m,递变层理　　(b) 玛003井,3491.35m,粒级层理

图 5.16　沉积构造-递变层理与粒级层理

6. 冲刷面

冲刷面是由于流速突然增加,流体对下伏沉积物冲刷、侵蚀而形成起伏不平的冲刷面。冲刷面上的沉积物一般比下伏沉积物粗。扇三角洲辫状水道、辫状分支水道及水下分流河道等沉积环境易于冲刷面的形成。百口泉组扇三角洲由于水道比较发育,因而也发育比较多的冲刷面,其一般位于正粒序的底部,表现为砂砾质沉积物对下伏细粒沉积物的侵蚀[图 5.17(a)、图 5.17(b)]。

7. 截切构造

截切构造是切入砾岩或砂岩中的泥质充填构造,出现在砂砾岩的顶部,上覆泥岩常含下伏砂岩的变形条带,砾岩表面起伏不平。由于水动力条件、物源供给等条件的改变,作为一种事件性沉积体,百口泉组砾岩体中也发育一些截切构造[图 5.17(c)、图 5.17(d)],主要表现为泥质沉积物对砂质或细砾质沉积物的削截,是沉积过程中水动力条件突变的标志。

8. 植物碎屑

百口泉组砾岩中基本不发育生物遗迹和生物扰动。洪水沉积携带的植物碎屑在入湖口前段滞留沉积,由于水动力较强,沉积物粒度较粗,植物碎屑较少滞留,偶尔在岩石层面上发育较少的植物碎屑或炭屑[图 5.17(e)、图 5.17(f)]。

(a) 玛006井,3457.11m,冲刷面　　(b) 玛134井,3177.35m,冲刷面　　(c) 玛009井,3637.98m,截切构造

(d) 玛133井,3301.15m,截切构造　　(e) 玛2井,3358.6m,植物茎杆　　(f) 玛003井,3546.55m,植物碎块

图 5.17　沉积构造-冲刷面、截切构造与植物碎屑

5.2　砾岩分区对比

经过岩心观察对比,玛湖凹陷西环带玛北地区的夏子街扇、玛西地区的黄羊泉扇及玛

南地区的克拉玛依扇砾岩具有不同的特征。夏子街扇、黄羊泉扇及克拉玛依扇砾岩颜色分别以浅灰褐色、灰绿色和灰色、浅灰绿色为主(图 5.18~图 5.20)。

(a) 玛003井，3551.65m，　　(b) 夏10井，2343.52m，　　(c) 玛19井，3849m，
　　砂质支撑砾岩　　　　　　　磨圆较好的粗砾岩　　　　　具定向排列的中砾岩

(d) 夏55井，2030.9m，　　(e) 玛009井，3613.5m，　　(f) 玛152井，3247.43m，
　　杂基支撑砾岩　　　　　多级颗粒支撑中粗砾岩　　　　细砾岩支撑砾岩

图 5.18　玛北地区砾岩岩心照片分区对比

(a) 艾湖2井，3326m，　　(b) 艾湖1井，3855.5m，　　(c) 百65井，3381.37m，
　　叠瓦状排列　　　　　　　槽状交错层理　　　　　　中细砾岩正粒序

(d) 黄4井，2106.05m，　　(e) 玛18井，3874.1m，　　(f) 玛西1井，3649.5m，
　　多级颗粒支撑中粗砾岩　　反粒序、板状交错层理　　　具定向排列中砾岩

图 5.19　玛西地区砾岩岩心照片分区对比

（a）白24井，3229.6m，　　（b）玛湖2井，3244.1m，　　（c）克81井，3273.75m，槽
多级颗粒支撑中细砾岩　　　叠瓦状排列　　　　　　　状交错层理层理含砾粗砂岩

（d）克303井，3535.42m，　　（e）白27井，3218.2m，　　（f）玛湖3井，3778.5m
粒级层理　　　　　　　　混杂堆积中砾岩　　　　　槽状交错层理细砾

图5.20　玛南地区砾岩岩心照片分区对比

通过统计，不同地区的主要粒度范围有别，其中玛北夏子街扇砾岩粒度粗，变化范围大，砾石粒径在10~60mm；玛西砾岩粒度中等，砾石粒径通常在2~30mm；玛南粒度中等偏细，粒径主要在2~20mm。砾岩的母岩性质也有所差别，夏子街扇砾岩以花岗岩碎屑为主，黄羊泉扇砾岩以变质岩为主，克拉玛依扇砾岩以沉积岩为主。结构成熟度和成分成熟度，克拉玛依扇最好，黄羊泉扇次之，夏子街扇最差（表5.3）。

表5.3　玛湖凹陷西斜坡各扇体沉积特征对比

类型		玛北夏子街扇	玛西黄羊泉扇	玛南克拉玛依扇
岩心特征	颜色	浅灰褐色为主	灰绿色、灰色为主	浅灰绿色为主
	粒度	粒度较粗且变化范围大，20~60mm	粒度中等，2~30mm	粒径中等偏细，普遍为2~20mm
	结构成熟度	分选性较差、磨圆度中等，结构成熟度较低	分选性、磨圆度均较好，结构成熟较高	分选性、磨圆度好，结构成熟度高
	成分成熟度	见长石与花岗岩岩屑，成分成熟度较低	见石英颗粒，成分成熟度较高	石英含量较高，成分成熟度高
	沉积构造	块状构造为主，直立状砾石常见，偶见叠瓦状砾石	块状构造与槽状交错层理为主，叠瓦状与直立状砾石常见	槽状交错层理与块状层理为主，发育粒级层理
	母岩性质	花岗岩为主	变质岩为主	沉积岩与变质岩为主
	主要岩相类型	Gcm、Gmg、Gmm	Gcm、Gg、Gi	Gi、Gt、Gp

类型		玛北夏子街扇	玛西黄羊泉扇	玛南克拉玛依扇
成因特征	地形坡度	陡	较陡	中等-较缓
	水动力强弱	强	中等-较强	中等
	搬运机制	重力流沉积为主,洪积常见	重力流与洪流沉积间互发育	洪流与稳定牵引流为主,重力流较少
	物源供给	持续、近源供给	稳定近源供给	间歇性近源供给

注:Gcm 为多级颗粒支撑砾岩相;Gmg 为砾石质支撑漂浮砾岩相;Gmm 为泥质支撑漂浮砾岩相;Gg 为粒级层理砾岩相;Gi 为叠瓦状砾岩相;Gt 为粒级层理砾岩相;Gp 为板状交错层理砾岩相。

通过砾石颗粒的接触关系与沉积构造判别沉积时搬运机制,根据最大砾石粒径确定水动力条件强弱。夏子街扇三角洲砾岩多呈大小混杂、多级颗粒支撑,见基质支撑及直立状砾石,泥质含量高,反映夏子街扇三角洲以碎屑流搬运为主;最大砾石直径达 15cm,反映水动力强度强。黄羊泉扇三角洲正粒序沉积序列常见,砾石的定向排列和多级颗粒支撑均较为发育,反映黄羊泉扇三角洲以碎屑流与牵引流共同作用;最大砾石直径为 9cm,反映水动力强度较强。克拉玛依扇三角洲正粒序沉积序列和同级颗粒支撑常见,见槽状交错层理和粒级层理,反映克拉玛依扇三角洲以牵引流与洪流沉积为主;最大砾石直径为 6cm,反映水动力强度为中等-较强。

夏子街扇三角洲发育于湖盆长轴,地形坡度陡且先陡后缓,物源供给充足,平面呈帚状,广泛发育多级颗粒支撑砾岩相、砾石质颗粒支撑砾岩相、杂基支撑砾岩相,碎屑流成因机制为主。黄羊泉扇三角洲发育于山间物源口,地形坡度较陡且先缓后陡,物源供给充足,平面呈朵状,主要发育多级颗粒支撑砾岩相、槽状交错层理砾岩相、叠瓦状砾岩相,为碎屑流与牵引流共同作用控制。克拉玛依扇三角洲发育于山前,地形坡度相对较缓且一直稳定,物源供给相对不足,以叠瓦状砾岩相、槽状交错层理砾岩相及板状交错层理砾岩相为主要砾岩类型,牵引流作用为主控因素。

综上所述,夏子街扇三角洲为长轴持续供给型碎屑流主控的帚状扇三角洲,黄羊泉扇三角洲为山间供给充足型碎屑流与牵引流共同作用的朵状扇三角洲,克拉玛依扇三角洲为山前供给略少型牵引流作用控制的扇形扇三角洲(表 5.4)。

表 5.4　玛湖凹陷西斜坡各扇体沉积模式对比

成因特征	夏子街扇三角洲	黄羊泉扇三角洲	克拉玛依扇三角洲
发育部位	湖盆长轴	山间物源口	山前前端
物源强弱	单砂层平均厚度为 14.6m;物源持续供给充足	单砂层平均厚度为 8.9m;物源供给充足	单砂层平均厚度为 6.1m;物源供给相对不足

成因特征	夏子街扇三角洲	黄羊泉扇三角洲	克拉玛依扇三角洲
地形坡度	先陡后缓	先缓后陡	坡度稳定
可容纳空间			
剖面结构	长轴持续供给型前积	山间供给充足型前积	山前供给略少型前积
展布特征	帚状	朵状	扇形
平面模式	多级颗粒支撑 砾石质颗粒支撑 杂基支撑	多级颗粒支撑 粒级层理 槽状交错层理	叠瓦状 槽状交错层理 板状交错层理

5.3 砾岩岩相划分

5.3.1 岩相类型

岩相是岩石物理相的简称,又可称为能量单元,代表了沉积水动力条件的变化,是分析沉积作用过程的第一要素。岩相代码通常用大写字母 G 代表砾岩,小写字母 m 和 c 分别代表基质支撑和颗粒支撑,以及用 t 和 p 分别代表槽状交错层理与板状交错层理等。通过对环玛湖凹陷百口泉组所有取心段进行精细观察描述,根据砾石颗粒支撑形式、排列方式、粒度变化、沉积构造对百口泉组砾岩进行岩相划分。支撑形式可分为基质支撑与颗粒支撑,由于砾岩粒度较粗,填隙物粒径也相应提高,中、粗砾岩可呈漂浮状分布于中、粗砂级($0.5\sim1mm$)与细砾级($2\sim4mm$)颗粒中。因而,基质支撑可细分为泥质支撑(mm-matrix supported of mud)、砂质支撑(ms-matrix supported of sand)、砾石质支撑(mg-matrix supported of gravel)。颗粒支撑则分为同级颗粒支撑(cs-clast supported of the same particles)与多级颗粒支撑(cm-clast supported of the multistage particles),同时,进一步结合该区砾岩的颗粒排列方式,如叠瓦状定向排列(i-imbricated)及粒度的垂向变化,如粒级层理(g-graded bedding)及沉积构造,如槽状交错层理(t-trough cross-bedding)与板状交错层理(p-planar cross bedding),划分出相应的砾岩岩相(图 5.21)。此外,不同粒度与颗粒形状也是不同砾岩岩相的识别特征之一。

泥质基质支撑砾岩为高泥质含量的碎屑流沉积,反映扇三角洲端部泥质含量高的碎屑朵体。典型识别标志即为不同粒径的砾岩漂浮于泥岩基质中,砾岩通常与界面平行顺层排列,偶见直立状,其粒径直方图为多峰态,且物性最差,孔隙度为 3.8%~6.19%,渗透率为 (0.6~2.13)×10^{-3}μm^2。

砂质基质支撑砾岩相以中、粗砂为填隙物的富砂碎屑流沉积,反映扇三角洲中部碎屑朵体或碎屑水道沉积。碎屑流沉积中当砂质碎屑含量较高时,砾岩悬浮于砂质颗粒中,为其典型识别标志。其主要粒径为砂质粒径与砾岩粒径,因而其粒度直方图呈双峰态,且砂质含量更多,呈正偏双峰态。颗粒间孔隙空间相对适中,且连通性较好,其孔隙度为 7.6%~8.6%,渗透率为 (8.09~8.9)×10^{-3}μm^2。

砾石质基质支撑砾岩相为中粗砾岩悬浮于细砾中,属于富砾粗碎屑流沉积,反映扇三角洲根部碎屑流朵体或碎屑水道沉积。当砾岩含量较高时,粗砾岩被细砾支撑悬移,这是该岩相的识别标志。其主要粒径为细砾岩与粗砾岩,粒度直方图表现为双峰态。由于粒度较粗,又称为高双峰态。颗粒间孔隙空间相对较大,但连通性差,其孔隙度为 9.3%~10.9%,渗透率为 (1.13~1.24)×10^{-3}μm^2。

同级颗粒支撑砾岩相的典型区分标志为砾岩分选性与磨圆度均较好,且相互接触支撑,沉积构造相对不发育。该岩相为稳定水动力条件下牵引流沉积,发育于辫状水道、辫状分支水道序列的中上部。主要粒径为中细砾岩与细砾岩,粒度直方图呈矮双峰态。颗粒间孔隙空间最大,孔喉连通性较好,为最有利的储层,其孔隙度为 10.5%~11.9%,渗透率为 (14.2~18)×10^{-3}μm^2。

多级颗粒支撑砾岩相的典型识别标志为大小混杂,多级颗粒支撑,砾岩分选性与磨圆度差,粗砾岩之间充填中砾、细砾和粗砂,各个级别粒度基本均有覆盖,为扇三角洲平原上的洪流沉积,多呈厚层块状出现于水道的底部。因各个粒度均有,所以粒度直方图呈多峰态。颗粒间孔隙空间较小,连通性也差,属于储层最差的岩相类型,其孔隙度为 4.8%~6.4%,渗透率为 (0.19~0.24)×10^{-3}μm^2。

叠瓦状砾岩相砾岩呈层状、叠瓦状定向排列,是识别该岩相的典型标志,反映水动力条件为较稳定的牵引流,常发育于扇三角洲前缘水下分流河道或辫状分支水道中部。主要粒度范围相对较为集中,粒度直方图呈负偏双峰态,颗粒间孔隙空间相对较大,但连通性较差,其孔隙度为 9.4%~10.7%,渗透率为 (0.22~0.81)×10^{-3}μm^2。

粒级层理砾岩相砾岩为正粒序,且粒序变化频繁,其多层中厚层状正粒序的叠加即为该岩相的识别特征,反映间歇性洪水沉积,发育于扇三角洲各类水道的上部。粒度相对集中,因而粒度直方图呈单峰态,是最有利的储层岩相类型之一,其孔隙度好,渗透率也较好,其孔隙度为 10.4%~12.2%,渗透率为 (0.74~2.46)×10^{-3}μm^2。

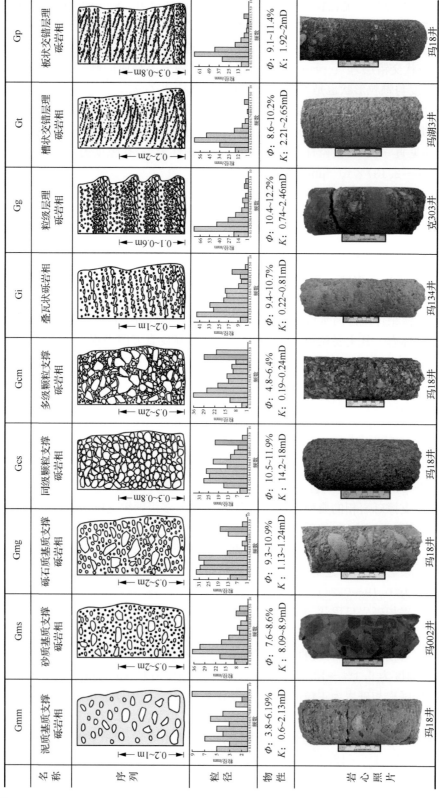

图 5.21　玛湖凹陷百口泉组岩相类型与成因解释

槽状交错层理砾岩相的识别标志在于砾岩呈槽状排列,且相互发生侵蚀切割,发育槽状交错层理,反映水动力方向变化的冲刷沉积,位于扇三角洲前缘水道的中下部。主要粒度较集中,主要为中细砾岩与细砾岩,其孔隙度较好,渗透率中等,其孔隙度为 $8.6\%\sim10.2\%$,渗透率为 $(2.21\sim2.65)\times10^{-3}\,\mu m^2$。

板状交错层理砾岩相的识别标志为砾岩沿某固定方向倾斜排列,发育板状交错层理,反映顺水流方向的加积作用,位于扇三角洲水道的中上部。粒度范围与 Gt 类似,也是单峰态,主要为中细砾岩与细砾岩,其孔隙度较好,渗透率一般,其孔隙度为 $9.1\%\sim11.4\%$,渗透率为 $(1.92\sim2)\times10^{-3}\,\mu m^2$。

5.3.2　岩相组合类型

岩相类型反映了单一沉积作用或沉积过程,而岩相垂向组合序列体现了某沉积环境的垂向组合特征。通过岩心细致观察,总结出 6 种垂向组合序列 FA-1～FA-6(图 5.22)。不同岩相组合的岩石组分与结构特征不同,导致储层孔渗特征与油气产能存在明显差异。

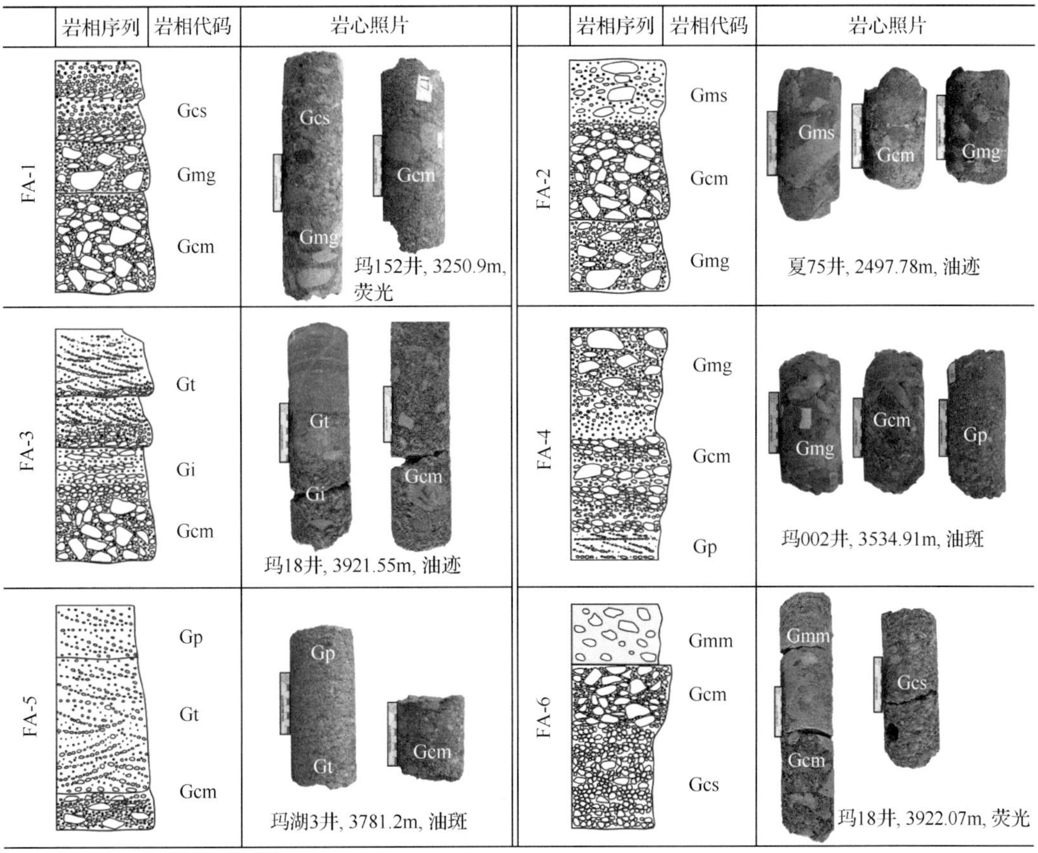

图 5.22　百口泉组砾岩岩相组合类型

FA-1 岩相组合:Gcm→Gmg→Gcs,底部洪流沉积,向上过渡为富砾碎屑流与颗粒流沉积。由于沉积速率快,沉积物大小混杂,以多级颗粒支撑为主,且泥质含量高,孔隙被细粒物质充填,造成砾岩物性较差,孔隙度主值区间为 $1.64\%\sim6.75\%$,平均值为 4.35%,

渗透率主值区间为$(0.33\sim5.36)\times10^{-3}\,\mu m^2$,平均值为$3.89\times10^{-3}\,\mu m^2$(图5.23)。岩心的油气显示较差,通常为荧光,单井平均产油量为8.22t/d。

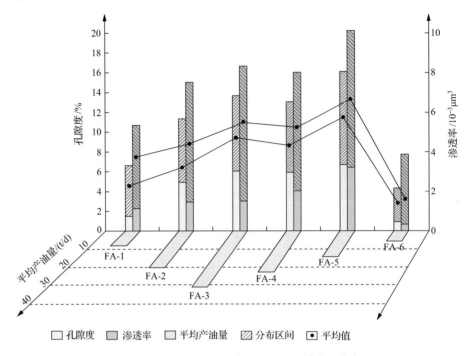

图5.23 不同砾岩岩相组合物性特征与单井平均产量

FA-2 岩相组合:Gmg→Gcm→Gms,由底部的富砾碎屑流向洪流和富砂碎屑流沉积过渡,该组合受碎屑流与牵引流的共同作用,牵引流作用使颗粒间相对有序排列,且泥质含量较低,造成其物性相对碎屑水道较好,进而影响了单井油气产量。孔隙度主值区间为4.88%～11.23%,平均值为6.32%,渗透率主值区间为$(0.78\sim7.96)\times10^{-3}\,\mu m^2$,平均值为$4.27\times10^{-3}\,\mu m^2$。岩心油气显示较好,为油迹或油斑,统计出单井平均产油量为19.95t/d。

FA-3 岩相组合:Gcm→Gi→Gt,底部洪流沉积向颗粒流和稳定牵引流过渡,由于流水分选淘洗作用,以颗粒间相互支撑为主,且填隙物较少,造成储层物性较好,单井油气产量高。孔隙度主值区间为6.01%～13.89%,平均值为9.37%,渗透率主值区间为$(0.79\sim8.38)\times10^{-3}\,\mu m^2$,平均值为$5.56\times10^{-3}\,\mu m^2$。岩心油气显示较好,为油迹或油斑,且砂砾岩厚度较大,统计出单井段平均产油量为30.1t/d。

FA-4 岩相组合:Gp→Gcm→Gmg,底部牵引流,中部洪流,在顶部存在富砾碎屑流,见粗砾石,砾岩结构既有颗粒支撑,也有砾石质基质支撑,与辫状水道类似,进而物性也相近。孔隙度主值区间为5.97%～12.93%,平均值为8.39%,渗透率主值区间为$(1.02\sim7.99)\times10^{-3}\,\mu m^2$,平均值为$5.12\times10^{-3}\,\mu m^2$。岩心油气显示中等,通常为油斑,平均产油量为22.4t/d。

FA-5 岩相组合:Gcm→Gt→Gp,由薄层洪流逐步向稳定的牵引流过渡,槽状与板状交错层理发育,以同级颗粒支撑为主,分选性与磨圆度较好,该组合储集空间大,物性最好。孔隙度主值区间为6.77%～16.02%,平均值为11.81%,渗透率主值区间为(3.16～

10.13)×10⁻³ μm²，平均值为 6.69×10⁻³ μm²。岩心油气显示中等，油斑与油迹常见，虽然该组合物性最好，但是油气产量并不是最好，这与水下分流河道厚度较薄有关。

FA-6 岩相组合：Gcs→Gcm→Gmm，底部具有颗粒流沉积，向上过渡为洪流沉积与富泥碎屑流，顶部为泥质基质支撑，物性差，产量低，孔隙度主值区间为 0.82%～4.19%，平均值为 2.69%，渗透率主值区间为(0.26～3.86)×10⁻³ μm²，平均值为 1.85×10⁻³ μm²。下部岩心油气显示为荧光，上部无油气显示，平均产油量为 4.2t/d。

5.4 砾岩结构-成因类型

在明确了砾岩沉积特征并划分了岩相类型之后，这些特征在平面上的展布规律，尤其是顺物源方向沉积特征的演化规律是值得进一步深入研究的方向。通过顺物源典型岩心特征对比，明确百口泉组砾岩岩相的演化规律，进而探究砾岩沉积的搬运机制，建立玛湖凹陷百口泉组沉积时期扇三角洲动力学模式，最终对该区砾岩类型进行成因划分。

5.4.1 沉积物搬运机制

1. 顺物源岩相对比

为明确砾岩岩相特征在平面的展布规律，选取了玛西黄羊泉扇三角洲顺物源方向典型岩心进行特征对比(图 5.24)。

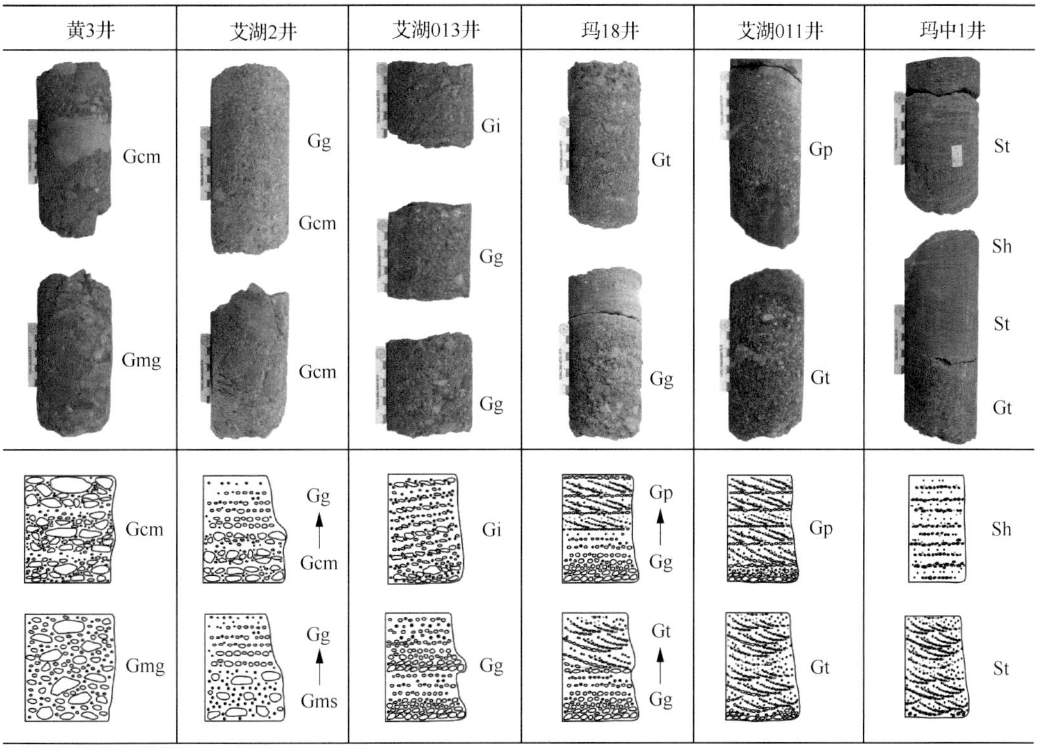

图 5.24 百口泉组顺物源岩相特征对比

从黄3井依次经过艾湖2井、艾湖013井、玛18井、艾湖011井、玛中1井,距离长约36km(平面位置见图2.1)。黄3井粒度较粗,多为粗砾岩,普遍发育多级颗粒支撑砾岩相和砾石质基质支撑砾岩相;顺物源往南,艾湖2井粒度相对变细,以粗砾岩和大中砾岩为主,砾岩颜色也由红褐色逐渐向灰绿色转化,砾岩岩相类型为多级颗粒支撑向粒级层理过渡;艾湖013井位于艾湖2井南约9km,主要发育灰绿色粒级层理和叠瓦状排列小中砾岩,为高浓度沉积物逐渐卸载的产物;随着沉积物与搬运水介质的进一步混合,沉积物浓度逐渐降低,玛18井以小中砾岩为主,且发育粒级层理向槽状交错层理的过渡,沉积层理逐渐清晰明显;艾湖011井岩心中见槽状交错层理与板状交错层理,层理成层性较好,反映了牵引流沉积作用;玛中1井岩心中仍发育槽状与板状交错层理,但岩石粒度多以中粗砂岩为主(图5.24)。

通过以上同一物源条件下顺物源方向典型岩心沉积特征的对比,不难发现随着沉积物从物源区向卸载区的逐步搬运,其反映在岩心上的沉积特征具有明显的变化,且这种变化具有流变学的规律,体现了搬运机制的变化过程。从混杂堆积、块状的粗砾沉积物,到均值程度高、层理发育的细砾岩是一个连续的过渡。这个过渡过程的精准分析需要大型水槽实验模拟,受制于实验条件,虽然本书未开展相关研究,但仍是作者下一步继续攻关的方向。

在以上定性分析的基础上,对砾岩粒度和主要发育的岩相类型进行统计分析,建立起粒度与岩相类型与物源远近的关系。分析表明,砾岩的变化过程可划分为3个阶段,由距物源最近的混杂堆积(−4~−7Φ)过渡为叠瓦状与粒级层理(−2~−5.5Φ),进而变化为牵引流成因构造(0~−4.5Φ),中间有2个过渡阶段(图5.25)。

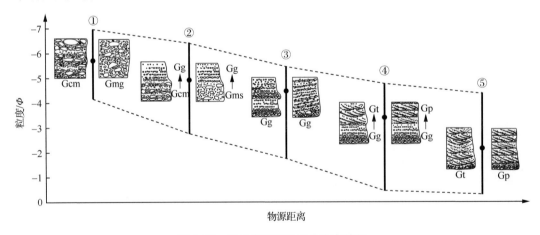

图5.25　百口泉组砾岩岩相发育特征

2. 沉积物搬运机制

在沉积学的研究中,通常从流体动力学的概念、沉积物的搬运方式出发研究沉积体的形成将有助于沉积构造的重塑。同样,通过沉积构造的准确识别也能重塑沉积时的流体动力学条件和搬运方式。

从流体力学性质来讲,沉积物流体类型可分为牛顿流体和非牛顿流体,凡是服从牛顿内摩擦定律的流体均称作牛顿流体,否则称为非牛顿流体。所谓服从牛顿内摩擦定律是指在一定时间内,随流速梯度的变化,流体动力黏度系数始终保持为一常数。

重力流不符合牛顿内摩擦定律,是大小不一的碎屑物质与流体形成的高密度混合体,相对密度可达 1.5~2.0,主要以悬移方式搬运。重力流的驱动力主要起因于陡坡条件下重力大于剪切力时的重力加速度,所以当坡度较陡时发生骤然卸载,形成各种类型的重力流沉积,如碎屑流、颗粒流、液化流、浊流。碎屑流可细分为黏结性碎屑流与非黏结性碎屑流,非黏结性碎屑流为为大量砾、砂、泥混合,砂和泥将砾石弥散开来,在一定坡度所产生的重力作用下发生悬浮搬运,层流是最基本的流动特性。其沉积形成的典型识别特征为混杂堆积的和基质支撑的砂砾岩,内部无沉积构造,即为第一阶段非黏结性碎屑流成因的Gcm、Gms、Gmg(图 5.26)。

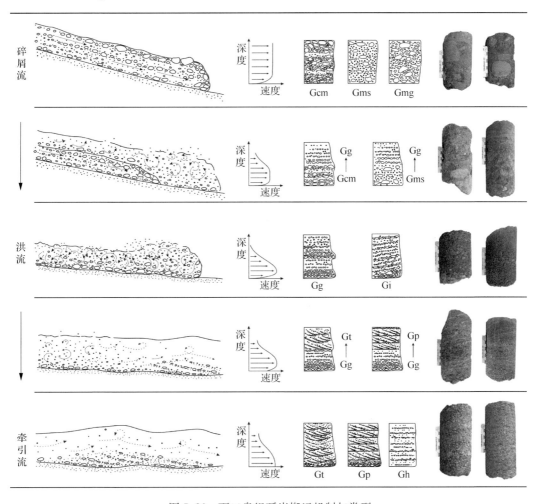

图 5.26　百口泉组砾岩搬运机制与类型

作为流体重要的特性,密度是流体惯性的量度。随着水流的注入,非黏结性碎屑流的沉积物密度相对降低,逐步向具有较高密度的砾、砂、泥、水的混合物过渡,即从非黏结性碎屑流向洪流过渡。洪流具有高切变率,在其内部表现为紊流的流动方式,随着惯性力的消失,沉积物发生重力卸载,形成具有典型粗尾递变的粒级层理 Gg,以及砾石在顺水流作用下形成叠瓦状排列 Gi。在岩心特征中可以看到碎屑流成因岩相与洪流成因岩相的叠加组合 Gcm、Gms→Gg(图 5.26)。

牵引流是服从牛顿内摩擦定律使碎屑物质作牵引运动的流体,沉积物以床砂载荷(推移质)形式运移。牵引流的搬运能力体现在两个方面:一是流体作用于碎屑颗粒上的推力(即牵引力),所谓推力是以它能移动沉积物颗粒大小的数值来衡量的,推力决定于流体流速,推力越大,流水能搬运的碎屑颗粒就越大。这是由于推动力大于颗粒自身重力与床底摩擦力时,沉积颗粒就被搬运。二是载荷力(或称负荷力),负荷力则是指流水所能搬运的沉积物总负荷量的数值,其大小决定于流体流量,流量越大,负荷力越大,则流水所能搬运的沉积数量越多,牵引流搬运颗粒的主要动力是推力,搬运方式包括溶解负载、悬移负载、推移负载或床砂负载。正是由于牵引流床砂负载的搬运方式,形成了具有各类沉积构造的砾岩 Gt、Gp、Gh(图 5.26),在本区扇三角洲前缘分流水道中常见这些牵引流成因砾岩岩相。

5.4.2 扇体动力学模式

在顺物源岩相对比基础上,明确了百口泉组沉积物的搬运方式,而在百口泉组沉积时期扇三角洲沉积背景下,不同沉积相带的沉积特征及其沉积作用是进一步研究的方向。

早三叠世,西北缘造山带持续推覆隆升的构造背景为玛湖凹陷西斜坡带提供了充足的物源,干旱炎热的古气候条件奠定了基底易被侵蚀,物源易于崩裂、垮塌的背景,同时,盆地边缘坡度较陡,为沉积物重力流提供了动力。因而,在盆地边缘近物源区,普遍发育碎屑流沉积,平面表现为碎屑朵体和碎屑水道,且多期次叠加是其典型特点。通常对应于扇三角洲平原沉积相带,随着搬运机制的变化,平面沉积相带也逐渐向扇三角洲前缘过渡。过渡部分为碎屑流向牵引流的过渡,即洪流,该部分在平面上表现出稳定水道的形成,通常呈辫状展布,称作扇三角洲前缘内带。扇三角洲前缘外带为以牵引流为主体的相带,水下分流水道为主要的沉积载体,形成一系列牵引流成因构造(图 5.27)。

5.4.3 砾岩成因类型

在岩相识别、搬运机制明确、动力学模式建立的基础上,以岩心观察为依据,识别了百口泉组三种成因的砾岩类型:碎屑流砾岩、洪流砾岩及牵引流砾岩。

1. 碎屑流砾岩

1) 岩石学特征

碎屑流成因砾岩通常呈灰褐色、红褐色,沉积构造不发育,多为块状,表明其为陆上近源快速混杂堆积(图 5.28)。

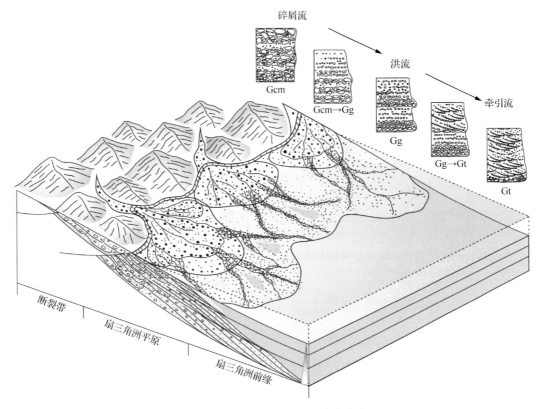

图 5.27　百口泉组砾岩岩相发育特征

图 5.28　夏 89 井碎屑流砾岩岩心宏观特征

　　其主要发育的岩相类型为多级颗粒支撑砾岩相、砾石质基质支撑砾岩相及砂质基质支撑砾岩相。多级颗粒支撑砾岩颗粒间为点线接触,砾石骨架的孔隙空间全部或部分被砂级或砾石级颗粒充填,而充填的砂砾石之间又被黏土颗粒充填,填隙物主要为泥质与粉砂质;基质支撑砾岩颗粒呈漂浮状,中、粗砾岩之间相互不接触。

2）沉积序列

碎屑流砾岩为扇三角洲平原相带内沉积,包括碎屑朵体与碎屑水道两种沉积微相类型,以中、粗砾岩为主,砾岩粒径较粗,单层韵律厚度中等,但整体叠加厚度大。发育的岩相类型为 Gcm、Gmg、Gms 等;在碎屑流砾岩底部偶见反粒序剪切带,且底面形态较为平整;可见孤立漂浮状与直立状粗砾岩(图 5.29)。

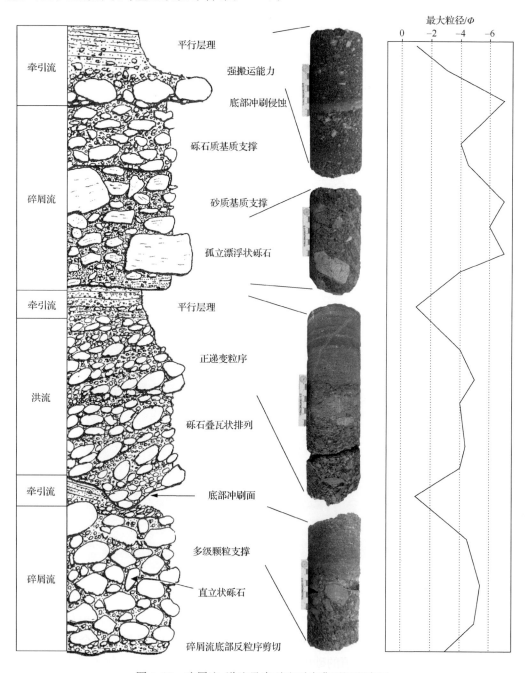

图 5.29 碎屑流、洪流及牵引流砾岩典型沉积序列

3）基质含量

岩石颗粒支撑形式可分为基质支撑与颗粒支撑，由于砾岩粒度较粗，基质填隙物粒径也相应提高，中、粗砾石可呈漂浮状分布于中、粗砂级（0.5～1mm）与细砾级（2～8mm）颗粒中，因而，基质可细分为泥质基质、砂质基质、砾石质基质。不同成因砾岩由于不同的搬运方式，其基质含量具有明显的差异。

通过岩心观察可大致统计出相应取心段砾岩的基质含量，但未取心段基质含量无法得到。利用中子测井和伽马测井对泥质含量进行评价是目前较为有效的方法，对于砾岩储层，进而可类比进行基质含量的计算。

伽马测井的泥质含量计算公式为

$$V_{sh} = \frac{2^{C * \Delta GR} - 1}{2^C - 1}$$

$$\Delta GR = \frac{GR - GR_{min}}{GR_{max} - GR_{min}}$$

式中，GR_{max} 为纯泥岩的最大中子伽马值，API；GR_{min} 为纯砾岩的最小中子伽马值，API；其中，GR_{max} 与 GR_{min} 系数为各口井百口泉组内取值，C 为基质经验系数，根据百口泉组岩心观察，基质含量与自然伽马值按指数关系拟合确定，$C=1.46$（图 5.30）。

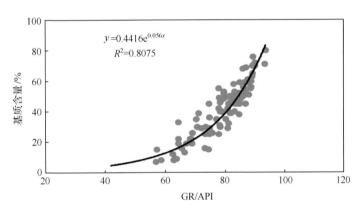

图 5.30　岩心观察基质含量与伽马拟合关系图

中子测井泥质含量的计算公式为

$$V_{sh} = \frac{\Phi_N - \Phi}{\Phi_{Nsh}}$$

式中，Φ_N 为中子测井孔隙度；Φ 为岩石有效孔隙度；Φ_{Nsh} 为泥岩的视中子孔隙度；V_{sh} 为泥质含量，而岩石的有效孔隙度可以从核磁共振测井数据中获得，因而通过中子孔隙度与核磁共振孔隙度可计算得到泥质含量，进而类比计算出砾岩的基质含量。

统计分析表明，通过中子测井对玛北地区砾岩基质含量的计算较为准确，而通过伽马测井对玛西与玛南地区砾岩基质含量的计算较为符合地质真实，因此，分地区建立了不同的定量计算基质含量的方法。将计算得到的基质含量与取心井段进行对比,结果表明通过中子—伽马计算得到的基质含量具有较高的准确性(图 5.31、图 5.32)。

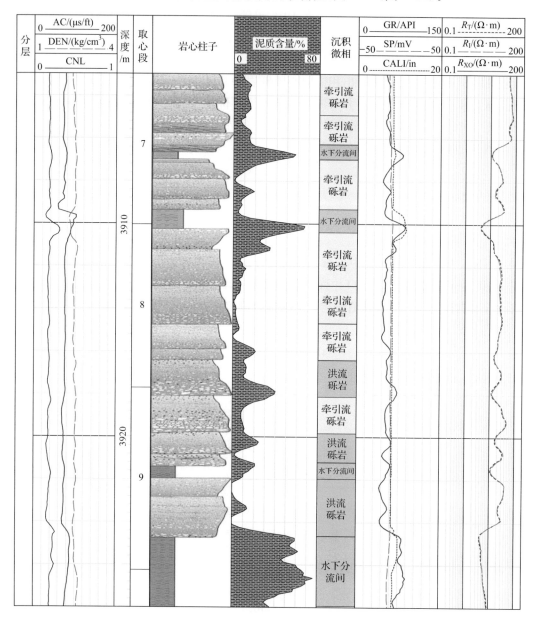

图 5.31　玛 18 井基质含量计算结果

　　不同成因砾岩由于其沉积流态与搬运方式的不同,其基质含量也具一定的差异,碎屑流砾岩中砾石以悬浮搬运为主,基质支撑是最主要的颗粒支撑形式,统计表明,其基质含量 35% 以上。

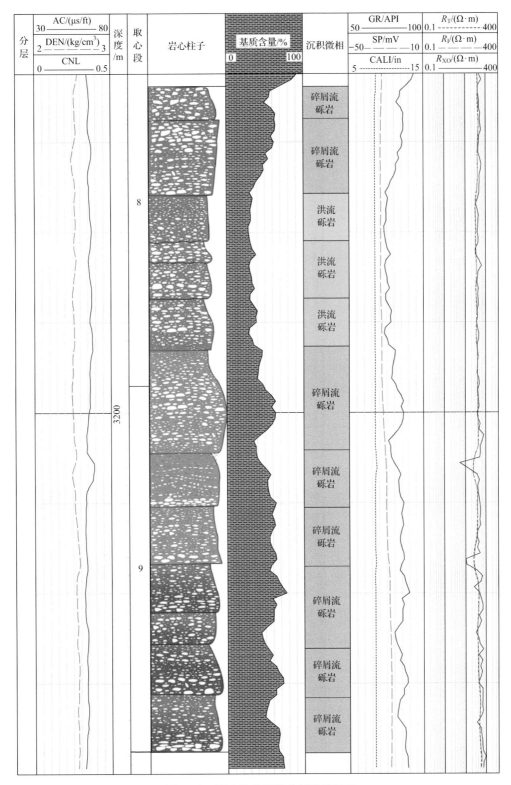

图 5.32　玛 152 井基质含量计算结果

4）MPS/BTh

近年来,国外沉积学家在研究砾岩沉积时,常会对砾岩段内最大粒径(MPS)与单层厚度(BTh)进行统计分析,其二者的比值关系能反映出不同的沉积搬运过程(Nemec and Stell,1984,Nemec et al.,1984)。

百口泉组大量取心为统计最大粒径与单层厚度奠定了基础,为定量识别搬运机制提供了条件。通过统计不同成因砾岩的 MPS 与 BTh 分析表明,不同成因砾岩的 MPS/BTh 具有明显的差异(图 5.33)。根据碎屑流砾岩的 MPS/BTh 线形拟合关系,得到 MPS/BTh=0.14,MPS 的平均值为 8.5cm,BTh 平均值为 54cm,反映了单层较薄,粒度较粗的碎屑流沉积特征。

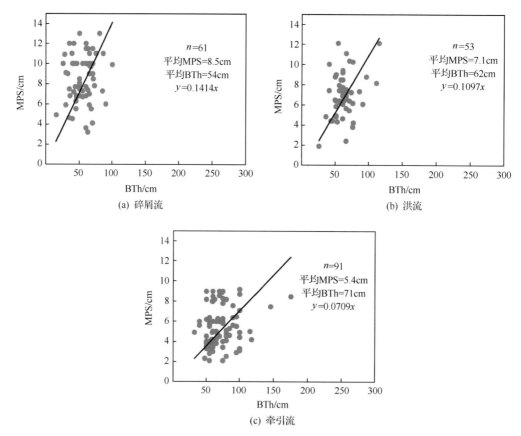

图 5.33 不同成因砾岩 MPS/BTh 统计分布

5）粒度特征

砂砾岩的粒度分布受控于沉积时的流体动力条件,而流体动力条件主要包括搬运介质类型(冰川、水、风)、搬运介质特性(流速、流量、密度)及搬运方式(滚动、跳跃、悬浮)。目前,Visher(1969)提出的粒度概率累积曲线广泛应用于沉积学的各项研究中。

通过对百口泉组粒度数据进行统计作图,研究表明,不同成因砾岩具有不同形态的粒度概率累积曲线。碎屑流砾岩粒度概率累积曲线呈简单一段悬浮式,斜率为 0.22～0.27,悬浮总体占90%以上,其中 32mm 以上的砾石即可发生悬浮搬运,反映碎屑流搬运介质密度高,以悬浮层流为主要搬运机制的特点(图 5.34)。

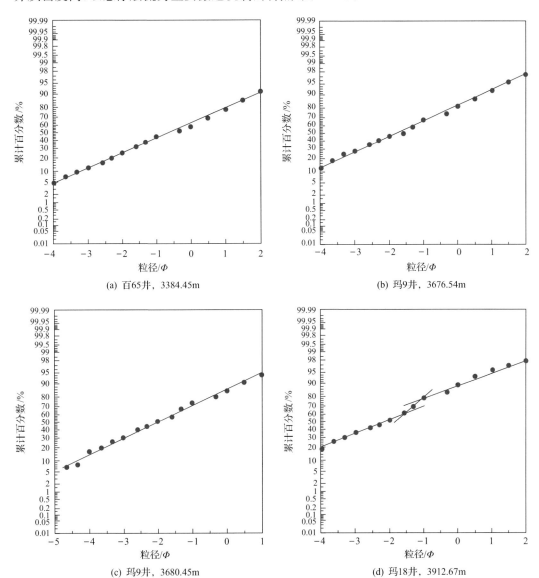

(a) 百65井,3384.45m

(b) 玛9井,3676.54m

(c) 玛9井,3680.45m

(d) 玛18井,3912.67m

图 5.34　碎屑流砾岩粒度累积概率曲线

　　频率曲线表明其绝大多数颗粒粒径大于-2.5Φ,平均粒径为-3.36Φ,标准偏差为 2.987,偏度为 0.108,峰度为 0.8[①]。反映出碎屑水道沉积整体为悬浮搬运,粒度范围分布广,平均粒径大,分选差,水介质能量极强,大小混杂的碎屑物质快速卸载沉积下来,呈现动荡环境中能量不稳定的重力流沉积特征。

　　碎屑流砾岩的 C-M 图像呈平行于 C=M 线的长条带状,样点主要集中在Ⅱ区,Ⅲ区、Ⅳ区分布较少,沉积物粒度整体较粗,含细粒组分。沉积物最大粒径为 1～100mm,粒度

① 可参见图 5.38(a)。

中值为0.2～24mm,沉积物整体分选较差,局部分选相对较好[图5.35(a)]。沉积物整体呈递变悬浮搬运,表现出典型的重力流沉积特征。

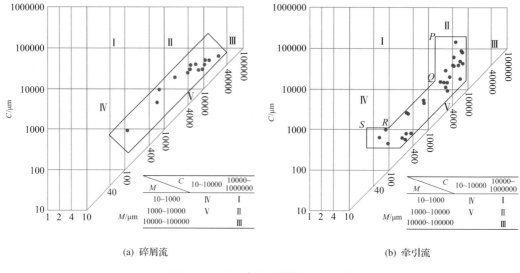

(a) 碎屑流　　　　　　　　　　　　(b) 牵引流

图5.35　百口泉组砾岩典型C-M图

C为累积曲线上颗粒含量1%处对应的粒径;M为累积曲线上颗粒含量50%对应的粒径

2. 洪流砾岩

1）岩石学特征

洪流成因砾岩通常呈白灰色,沉积构造以粒级层理为主,为较高密度沉积物在重力作用下发生重力分异形成,主要发育的岩相类型为粒级层理砾岩相与叠瓦状砾岩相。砾岩分选相对碎屑流成因砾岩较好,中砾岩以次棱角状-次圆状为主(图5.36)。

图5.36　风南11井洪流砾岩岩心宏观特征

2）沉积序列

洪流成因砾岩在扇三角洲前缘内带沉积,辫状分支水道是主要的沉积微相类型。与碎屑流砾岩类似,其单层厚度较薄,整体叠加厚度大(图5.29)。

3) 基质含量

洪流砾岩属于碎屑流向牵引流的过渡阶段,沉积物密度较高,随着重力作用的减弱在重力流的前端逐渐卸载沉积,因而基质含量在碎屑流与牵引流砾岩之间,统计表明其含量在 15%～35%(图 5.31)。

4) MPS/BTh

根据洪流砾岩的 MPS/BTh 线形拟合关系,得到 MPS/BTh=0.10,MPS 的平均值为 7.1cm,BTh 平均值为 62cm,厚度较碎屑流砾岩厚[图 5.33(b)]。

5) 粒度特征

洪流砾岩粒度概率累积曲线呈两段式,其中跳跃总体约占 40%～75%,斜率为 0.6～0.65;悬浮总体约占 25%～60%,斜率为 0.20～0.25,S 截点为 −2.5Φ～−4Φ,代表发生悬浮搬运碎屑颗粒粒度。洪流成因砾岩概率曲线表明洪流沉积以跳跃与悬浮为主,相较于碎屑流成因砾岩的单一悬浮式搬运,洪流开始出现跳跃总体,粒度概率曲线开始呈两段式(图 5.37)。

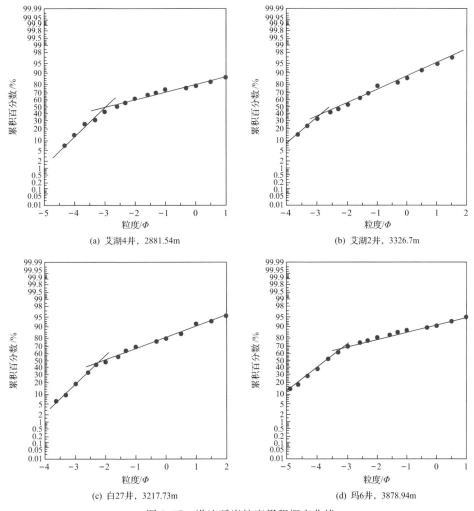

(a) 艾湖4井, 2881.54m

(b) 艾湖2井, 3326.7m

(c) 白27井, 3217.73m

(d) 玛6井, 3878.94m

图 5.37　洪流砾岩粒度累积概率曲线

粒度频率曲线呈单峰式,粒径主要分布在$-5\Phi\sim-2.0\Phi$,经粒度参数计算,平均粒径为-2.071Φ,标准偏差为2.19,偏度为0.39,峰度为1.15[图5.38(b)]。

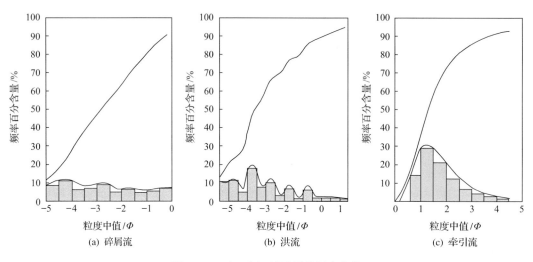

(a) 碎屑流   (b) 洪流   (c) 牵引流

图5.38　百口泉组砾岩累积频率曲线

3. 牵引流砾岩

1) 岩石学特征

牵引流成因砾岩通常呈浅灰绿色,沉积构造发育,多为槽状交错层理、板状交错层理及平行层理,因而主要发育的岩相类型即为Gt、Gp及Gh。砾石分选性、磨圆度较好,结构成熟度较高,体现了一定的搬运距离,以及流水搬运过程中滚动、跳跃的摩擦分选与磨圆作用。并可见大量石英颗粒,反映了较高的成分成熟度。偶见一些泥砾,体现了水道冲刷作用。由于水流淘洗作用,牵引流砾岩基质含量低,孔隙发育,是有利的油气储层(图5.39)。

图5.39　艾湖6井牵引流砾岩岩心宏观特征

2）沉积序列

牵引流砾岩主要沉积于扇三角洲前缘外带,包括辫状分支水道与分下分流水道两种沉积微相类型,以中、细砾岩为主,单层韵律厚度较大,常与灰绿色粉砂质泥岩互层。此外,还有小部分牵引流砾岩沉积于碎屑流与洪流的上部,为重力流沉积末期向牵引流转化过程中形成。正粒序与反粒序均可见,广泛发育成层性较好的牵引流沉积构造,砾石颗粒顺层理面排列(图 5.29)。

3）基质含量

牵引流砾岩沉积于沉积物密度小,受水流搬运介质地来回淘洗的影响,其砾岩中基质含量较低,统计表明其含量小于 15%(图 5.31)。

4）MPS/BTh

根据牵引流砾岩的 MPS/BTh 线形拟合关系,得到 MPS/BTh=0.07,即最大粒径与单层厚度的比值在 0.07,可作为判断牵引流砾岩的识别依据。MPS 的平均值为 5.4cm,BTh 平均值为 71cm,反映出其最大粒径较细,单层厚度较厚的特点,能与其他砾岩区分开[图 5.33(c)]。

5）粒度特征

牵引流砾岩粒度累积概率曲线为典型的三段式,滚动、跳跃、悬浮总体均在图版中可见,其中滚动总体占 10%～15%,斜率为 0.23～0.25,跳跃总体约占 60%～65%,斜率为 0.88～0.9,悬浮总体约占 20%～25%,斜率为 0.28～0.31,S 截点为 −1.1Φ～1.3Φ,T 截点为 −2.6Φ～−2.4Φ。牵引流成因砾岩的概率曲线三段式体现了床砂底形的推移,相较于洪流成因砾岩,牵引流沉积开始出现滚动总体(图 5.40)。

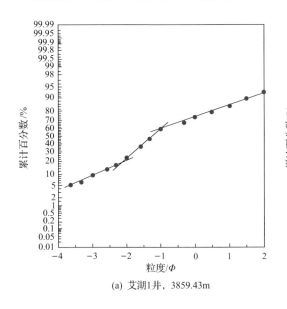

(a) 艾湖1井, 3859.43m

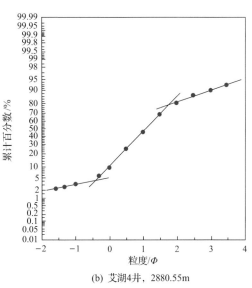

(b) 艾湖4井, 2880.55m

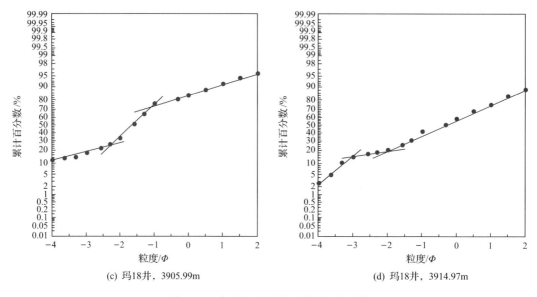

(c) 玛18井，3905.99m (d) 玛18井，3914.97m

图 5.40 牵引流砾岩粒度累积概率曲线

粒度频率曲线呈单峰式，粒径主要分布在－2.5Φ～1Φ，粒度参数计算，平均粒径为－1.23Φ，标准偏差为1.855，偏度为0.202，尖度为1.092。反映出辫状分支水道入湖后继续沉积下来的水下分流河道微相沉积物平均粒径减小，分选变好，水介质能量有所降低[图5.38(c)]。

扇三角洲前缘亚相以牵引流沉积为主，其 C-M 图像主要发育 PQ 段、QR 段，RS 段次之[图5.35(b)]。以滚动和跳跃搬运为主，悬浮搬运次之，主要为扇三角洲前缘牵引流沉积。样点主要分布在Ⅱ区、Ⅳ区，粒度由粗到细广泛发育；图形较窄，分布相对较为集中，沉积物分选相对较好。底部扰动相对较大，水体能量持续性好，递变悬浮区间相对不发育。

5.5 砾岩储层特征

5.5.1 储层成岩相特征

成岩相是沉积物在特定的沉积和物理化学环境中，在成岩与流体、构造等作用下，经历一定成岩作用和演化阶段的产物，包含岩石颗粒、胶结物、组构、孔洞缝等综合特征(赵澄林,1997;何东博等,2004;邹才能等,2008)。通常成岩相包括3个方面的内容，即成岩作用、成岩环境及在该环境下的成岩产物(孟元林等,2008)。成岩相高度概括了自沉积物形成之后直至沉积岩变质作用发生之前的成岩作用，并综合考虑了成岩矿物、成岩阶段、成岩环境、成岩事件和成岩演化序列等对储层储集物性的影响。

根据铸体薄片和扫描电镜观察，结合 X 衍射黏土矿物分析，总结了百口泉组砾岩储层成岩与孔隙演化模式(图5.41)。观察到的成岩现象包括:碎屑岩经历了较强压实作用，碎屑颗粒间以线接触、凹凸接触为主[图5.42(a)];硅质胶结中等发育，局部可见石英

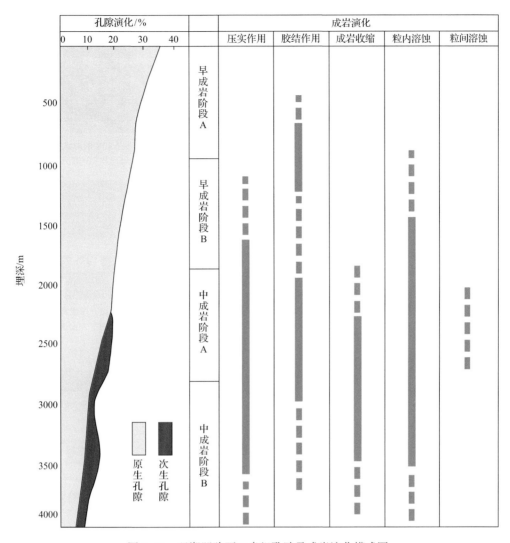

图 5.41　玛湖凹陷百口泉组孔隙及成岩演化模式图

次生加大,且多为Ⅱ期、Ⅲ期加大[图 5.42(b)];溶蚀作用较强,且多为长石碎屑的溶蚀,次生溶孔较发育[图 5.42(c)];蒙脱石已基本消失,伊-蒙混层矿物普遍发育,为有序混层带[图 5.42(f)];部分薄片还可见环边状的绿泥石薄膜[图 5.42(e)],绿泥石的形成会增加岩石的抗压实能力,并在一定程度上抑制石英胶结;局部可见微裂隙,为成岩收缩作用的产物。

　　百口泉组砾岩储层经历了早成岩阶段 A 期、B 期,大部分已处于中成岩阶段 A 期,部分埋藏较深储层已进入中成岩阶段 B 期。对孔隙演化影响最大的是压实作用,也是破坏储层孔隙结构最重要的成岩作用。改善储层储集性能最主要的成岩作用为溶蚀作用,其次为成岩收缩作用。胶结作用在研究区储层储集空间演化中起到双重的作用。

　　根据储集层主要成岩作用类型与强度、成岩矿物及其对储集物性的影响,将百口泉组储层划分为 6 种成岩相:绿泥石衬边弱溶蚀成岩相[图 5.42(e)]、不稳定组分溶蚀成岩相

(a) 颗粒线接触,凹凸接触,
玛152井,3110.01m

(b) 石英次生加大,
夏89井,2477.27m

(c) 长石碎屑的淋滤溶蚀,
玛18井,3905.99m

(d) 成岩收缩成岩相,
玛18井,3912.67m

(e) 绿泥石衬边弱溶蚀成岩相,
夏90井,2597.85m

(f) 伊-蒙充填成岩相,
玛152井,3161.35m

(g) 压实致密成岩相,
夏89井,2436.06m

(h) 不稳定组分溶蚀成岩相,
玛18井,3903.85m

(i) 硅质胶结成岩相,
玛004井,3421.01m

图5.42　百口泉组镜下成岩现象与成岩相特征

[图5.42(h)]、成岩收缩成岩相[图5.42(d)]3种扩容性成岩相;压实致密成岩相[图5.42(g)]、伊-蒙充填成岩相[图5.42(f)]和硅质胶结成岩相[图5.42(i)]3种致密化成岩相。

绿泥石衬边弱溶蚀成岩相主要发育于牵引流砾岩中。其成岩特征表现为绿泥石膜发育于石英颗粒边缘,长石碎屑部分被溶蚀。孔隙类型以原生粒间孔为主,见少量溶蚀孔。自生绿泥石增加了岩石机械强度,从而一定程度上抵抗了机械压实作用的进行,同时对石英的次生加大具有抑制作用,对储集层的原生孔隙具有较好的保护作用。物性一般较好,是百口泉储层最有利的成岩相之一。

不稳定组分溶蚀成岩相主要发育于杂基含量较少的洪流和牵引流成因砾岩中,碎屑流成因砾岩亦有发育。长石、火山岩屑、黏土矿物等矿物组分的溶蚀形成次生溶孔,其中有机酸对长石的溶解是百口泉组储层最重要的溶蚀作用,也是此类成岩相广泛发育的基础。该成岩相对储层的储集性能改善具有建设性作用,是百口泉组储层较有利的成岩相。

成岩收缩成岩相发育的基础是成岩收缩作用形成微裂隙。由于富含泥质、粉砂质的碎屑岩在成岩过程中易失水发生收缩,从而围绕颗粒形成微裂隙或又分支成脉状,并且常伴有溶蚀扩大现象。此类成岩相常发育于杂基含量较高的泥质基质支撑砾岩相、砂质基质支撑砾岩相等碎屑流成因砾岩中。该成岩相不仅增加了储层的储集空间,更为流体渗流提供了重要的通道。但由于成岩收缩缝发育的前提是岩石失水,并且在后期成岩变化中没有被压实致密或次生石英、黏土矿物所充填,故成岩收缩成岩相并不是该区主要的成岩相类型。

压实致密成岩相广泛发育于各种沉积成因的岩相中,尤其是杂基含量较高的碎屑流成因岩相。百口泉组储层埋藏深度较大,大都在 2800m 以下,镜下观察到碎屑颗粒以线接触为主,局部为凹凸接触,压实作用对储层的储集性能破坏较大。由于该区砾岩中含有凝灰岩等大量塑性的火山岩岩屑,在机械压实过程中,容易发生塑性变形,从而导致原生孔隙空间遭到破坏,储层物性变差。尤其是对于泥质杂基含量较高的砾岩,在埋藏压实过程中,泥质杂基的润滑作用导致机械压实强度更大,压实致密成岩广泛发育。而对于发育于水下分流河道等微相中的砂砾岩,由于长期水流的淘洗作用,泥质杂基含量较低,压实作用减弱,该成岩相相对欠发育。

伊-蒙充填成岩相主要发育于洪流成因的砾岩中。由于百口泉组砾岩中火山岩屑较为丰富,自生蒙皂石含量较高,随着成岩作用的加强,逐渐转化为伊-蒙混层矿物。伊-蒙混层黏土大多呈丝缕状或蜂巢状覆盖于碎屑颗粒表面,堵塞储层的孔隙喉道,对储层的渗透性有较大的破坏作用。

硅质胶结成岩相主要为石英次生加大以及局部的粒间充填自生石英而成,主要发育于石英矿物含量较多的槽状交错层理砾岩相、板状交错层理砾岩相及平行层理砾岩相中。牵引流成因的岩相往往经过较长距离的沉积搬运作用,成分成熟度相对较高,石英含量较高,后期的压实压溶作用使得溶出的二氧化硅在受压溶颗粒附件的孔隙中沉淀成石英的次生加大边,这是形成硅质胶结成岩相的基础。硅质胶结导致孔隙变小、喉道变窄,是牵引流成因的储层致密化的重要因素。

5.5.2　储层孔隙结构特征

储层的孔隙结构是指岩石孔隙和喉道的几何形状、大小、分布及其相互连通关系(罗平等,1986)。随着近年来地质学者对常规砂岩储层孔隙结构特征的研究不断深入,加深并丰富了关于孔隙结构对储集性能影响的认识,提出了一系列表征砂岩储层孔隙结构特征的方法,具有较好的应用效果。但对于复杂砂砾岩储层,由于其物源组分多样、沉积成因特殊、成岩机理复杂,导致其微观孔隙结构难以表征,控制因素难以查明,目前还没有一套较为满意的专门针对复杂砂砾岩储层结构的评价方法。

1. 孔隙吼道类型

储集层中的孔隙一般是指未被固体物质充填的较大空间,而喉道是连接相邻孔隙的狭窄空间。百口泉组砾岩孔隙类型主要为次生溶蚀孔,并且以粒内溶孔为主,粒间溶孔较少,次为微裂隙、残余粒间孔、晶间孔,局部见少量杂基内微孔(图 5.43)。主要孔隙类型特征如下。

（1）粒内溶孔，是该区主要的储集空间类型，主要为长石、火山岩岩屑及云母类矿物的溶蚀［图5.43(a)］，溶孔多为长条状、蜂窝状，部分为窗格状。溶蚀强烈者则形成铸模孔或与粒间孔连通，使孔渗性得到较大改善。该区的粒内溶孔孔径较小，平均孔径在16μm左右，但分布很广，并常常与粒间孔隙、微裂隙相伴生［图5.43(e)］。

（2）残余粒间孔，残余粒间孔是未被陆源杂基和自生胶结物充填的粒间残余孔隙［图5.43(b)］，多分布在杂基含量低、岩屑颗粒含量少、分选性磨圆度较好的石英粗砂岩、石英细砾岩中，并常与粒间溶孔、成岩收缩缝伴生形成孔隙组合［图5.43(f)］。虽然该区残余粒间孔数量较少，但其孔径较大，多在40~100μm，并且孔隙形态规则，多呈近三角形和四边形外形，是重要的储集空间。

（3）微裂隙，主要包括构造缝和成岩收缩缝，是由于构造应力和成岩岩石收缩而发育的缝隙。构造缝能将相对较孤立分布的孔隙连通起来，提高了砂砾岩的渗透性［图5.43(d)］。成岩收缩缝围绕颗粒形成微裂隙网络，裂隙宽度大，能将其他类型孔隙连接起来形成孔隙组合［图5.43(e)］，既是重要的储集空间类型，也在油气渗流过程中起到重要的喉道作用。

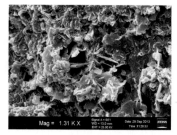

(a) 艾湖2井，3285.43m长，石粒内溶孔　　(b) 艾湖1井，3861.45m，残余粒间孔　　(c) 玛18井，3867.18m，绿泥石晶间孔

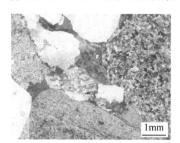
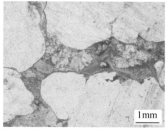

(d) 艾湖2井，3213.52m，构造缝和　　(e) 玛18井，3912.67m，成岩收缩　　(f) 艾湖1井，3859.75m，残余粒间
　　　粒内孔组合　　　　　　　　　　缝和粒内溶孔及粒间溶孔组合　　　　　孔和粒间溶孔组合

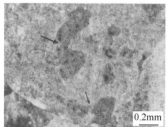
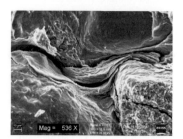

(g) 艾湖1井，3860.17m，片状喉道　　(h) 艾湖18井，3868.33m，点状喉道　　(i) 艾湖2井，3325.35m，管束状喉道

图5.43　百口泉组储层孔隙喉道类型

（4）晶间孔，主要发育在孔隙充填的不规则片状绿泥石[图 5.43（c）]和散片状高岭石晶体之间，孔径较小，需在扫描电镜下识别。晶间孔对储集性能贡献相对较小，但由于其往往具有较好的连通性，对储集层的渗流能力有一定的改善作用。

（5）喉道，是指岩石颗粒间连通孔隙的狭窄空间，喉道的大小、分布及其几何形态对油气在储层中的渗流起主要控制作用。根据喉道大小与形态，主要分为 4 种类型：缩颈喉道、点状喉道、（弯）片状喉道、管束状喉道。百口泉储层压实作用较强，缩颈喉道不发育，喉道类型以片状喉道为主，此类喉道半径较小，属于中细喉道，主要起残余粒间孔与粒间溶蚀孔的相互连通作用[图 5.43（g）]。骨架颗粒由于抗压实能力较强，溶蚀作用普遍，连通粒内溶蚀孔的喉道中点状喉道亦较常见[图 5.43（h）]。点状喉道半径较大，属于中粗喉道。管束状喉道半径小，属于微细喉道，主要起连通晶间孔隙的作用[图 5.43（i）]。

2. 孔隙结构参数

压汞实验可以为表征孔隙结构特征提供定量参数，对研究区百口泉组 7 口井 50 个样品进行压汞测试，分析其毛管压力曲线孔隙结构参数，拟合了最大喉道半径、中值喉道半径、排驱压力、中值压力、退汞效率、孔喉体积比、非饱和体系百分数、分选系数等特征参数与岩石物性的关系，并进行对比分析（表 5.5）。

表 5.5　百口泉组储层物性与孔隙结构参数关系

特征参数	上限值	下限值	特征参数与孔隙度相关性	特征参数与渗透率相关性
最大喉道半径/μm	27.02	0.44	$y=0.1122x^2-1.6266x+8.8066$ $R^2=0.0985$	$y=-0.0043x^2+0.5615x+1.6369$ $R^2=0.7189$
中值喉道半径/μm	2.67	0.04	$y=0.0366x^2-0.6349x+2.7885$ $R^2=0.552$	$y=0.0003x^2+0.0159x+0.0799$ $R^2=0.9003$
平均喉道半径/μm	5.87	0.14	$y=0.0492x^2-0.7941x+3.9183$ $R^2=0.2049$	$y=-0.0005x^2+0.1113x+0.4985$ $R^2=0.8077$
均值/μm	12.63	8.39	$y=-0.0528x^2+0.9087x+7.7924$ $R^2=0.364$	$y=11.734e-0.005x$ $R^2=0.7609$
分选系数	3.5	1.36	$y=0.0146x^2-0.2644x+3.387$ $R^2=0.0544$	$y=0.2242\ln(x)+2.195$ $R^2=0.5919$
偏度	0.66	−1	$y=0.0169x^2-0.2514x+0.3421$ $R^2=0.3531$	$y=-6\times10^{-5}x^2+0.0208x-0.5492$ $R^2=0.3498$
峰度	2.56	1.4	$y=0.0068x^2-0.1709x+2.8656$ $R^2=0.0625$	$y=0.0003x^2-0.0185x+1.9186$ $R^2=0.091$
变异系数	0.35	0.11	$y=0.0025x^2-0.0445x+0.3826$ $R^2=0.1514$	$y=0.0277\ln(x)+0.1927$ $R^2=0.6732$

续表

特征参数	上限值	下限值	特征参数与孔隙度相关性	特征参数与渗透率相关性
中值压力 /MPa	20.47	0.27	$y=89.034e-0.272x$ $R^2=0.3343$	$y=8.8675e-0.056x$ $R^2=0.5682$
排驱压力 /MPa	1.65	0.03	$y=0.9996e-0.125x$ $R^2=0.0722$	$y=0.3406x-0.466$ $R^2=0.6713$
退汞效率 /%	42.52	10.65	$y=-0.5021x^2+9.7158x-18.652$ $R^2=0.1495$	$y=0.0075x^2-0.7432x+29.107$ $R^2=0.3126$
孔喉体积比	8.39	1.35	$y=0.1162x^2-2.1606x+12.831$ $R^2=0.2332$	$y=0.077x+2.8363$ $R^2=0.3429$
均质系数	0.34	0.09	$y=0.1115e0.0379x$ $R^2=0.0723$	$y=0.1637x-0.062$ $R^2=0.1295$
非饱和体积百分数/%	50	12.12	$y=-0.2361x^2+2.6205x+34.605$ $R^2=0.2712$	$y=38.415e-0.014x$ $R^2=0.3495$

百口泉组砾岩储层孔隙度与孔隙结构参数相关性整体较差,而排驱压力、中值压力、变异系数、分选系数、均值、平均喉道半径、中值喉道半径、最大喉道半径等孔隙结构参数与渗透率均具有较好的相关性,表明百口泉组储层孔隙结构的好坏主要起控制岩石渗流能力的作用,而对储集能力影响较小。

孔隙结构参数中,中值喉道半径与孔隙度具有一定的正相关性,相关系数 R^2 为 0.522[图5.44(a)],表明半径较大且分布比较均匀的喉道对储层流体具有一定的储集作用。不同于常规砂岩储层,砾岩储层渗透率与中值喉道半径相关性最好,相关系数 R^2 达到 0.9003[图5.44(b)],而最大喉道半径与渗透率相关性相对较差,相关系数 R^2 为 0.7189[图5.44(c)]。这表明研究区百口泉组储层非均质性较强,粗喉道数量较少,对储层渗流能力并不能起决定性作用。而半径大小中等,分布较广的喉道控制着储层的渗透性。同时,研究发现退汞效率与孔喉体积比相关性极好,呈幂指数关系,相关系数达到 0.9965[图5.44(d)]。

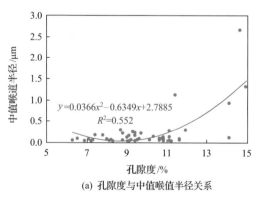

(a) 孔隙度与中值喉值半径关系

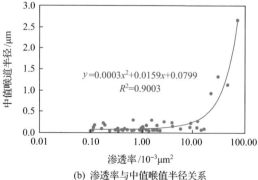

(b) 渗透率与中值喉值半径关系

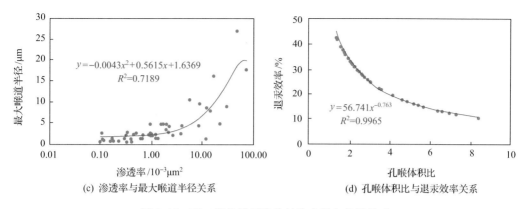

图 5.44　百口泉组储层孔隙结构参数与物性关系

虽然表征孔隙特征的参数众多,但缺少一个可以综合反映孔喉结构与储层岩石渗流能力关系的参数。通过对百口泉组储层压汞特征参数与物性关系分析,发现渗透率与中值孔喉半径相关性最好,表明中值孔喉半径对研究区储层岩石渗透率的贡献大[图 5.44(b)];孔喉体积比反映孔隙与喉道分布情况,孔喉体积比越大,孔隙结构越好,而研究区退汞效率由于和孔喉体积比有极好的负相关关系,因此能反映孔隙喉道结构[图 5.44(d)];渗透率是流体渗流能力的综合体现,主要与喉道的大小、迂曲度有关。为了表征孔喉结构对流体渗流能力的影响,拟定了适应于表征该区砾岩孔隙结构的结构渗流系数:

$$\varepsilon = R_{\mathrm{m}} \sqrt{\frac{100K}{W_{\mathrm{e}}}}$$

式中,ε 为结构渗流系数,μm^2;R_{m} 为中值喉道半径,μm;K 为渗透率,$10^{-3} \mu m^2$;W_{e} 为退汞效率,%;

百口泉组砂砾岩储层岩石结构渗流系数主要分布在 $0.03 \sim 63.92 \mu m^2$,与渗透率有很好的二次多项式关系,相关因数达到 0.9533,结构渗流系数随渗透率的增大而增大(图 5.45)。百口泉组储层孔隙度与结构渗流系数也有一定的正相关关系,对应于一定结构渗流系数的渗透率范围较窄,而孔隙度分布范围较宽(图 5.45),表明结构渗流系数是综合反映砂砾岩储层孔隙结构好坏的有效参数。

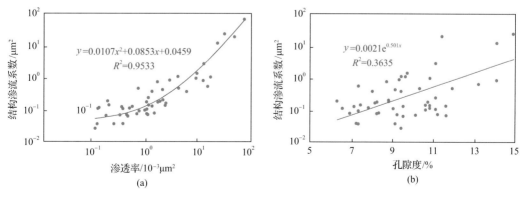

图 5.45　玛西斜坡区百口泉组储层结构渗流系数与孔渗关系

3. 孔隙结构类型

压汞曲线的形态和参数可在一定程度上直观地表征孔喉的粗细及分选性,是储层孔隙结构特征和渗流能力的直接反映。根据压汞曲线形态和定量参数范围,将该区压汞曲线分为3类(图5.46)。结合结构渗流系数、岩心观察和铸体薄片分析,将研究区百口泉组储层孔喉结构对应分为3类(表5.6)。

Ⅰ类孔隙结构:压汞曲线中间平缓段长、位置靠下、粗歪度,孔喉分选性好、半径大,为Ⅰ类曲线[图5.46(a)];平均结构渗流系数为 14.19μm²;岩性以砂质细砾岩、含砾粗砂岩为主;溶孔发育,孔隙类型以残余粒间孔和粒内溶孔为主,可见微裂隙;喉道类型以片状喉道、点状喉道为主;平均最大孔喉半径为 21.01μm,平均中值喉道半径为 0.60μm,属粗喉道型;物性好,平均孔隙度为 11.94%,平均渗透率为 159.29mD;此类孔隙结构广泛发育于各类牵引流成因砾岩,砂质颗粒支撑砾岩相中亦有分布。

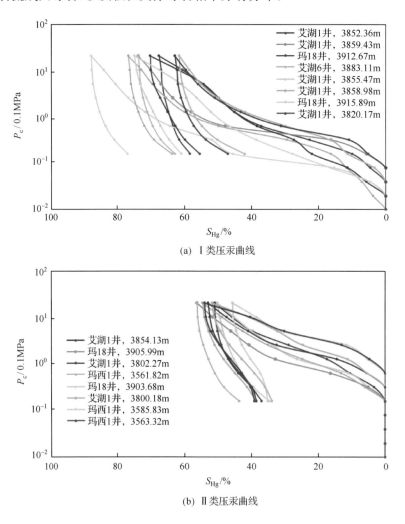

(a) Ⅰ类压汞曲线

(b) Ⅱ类压汞曲线

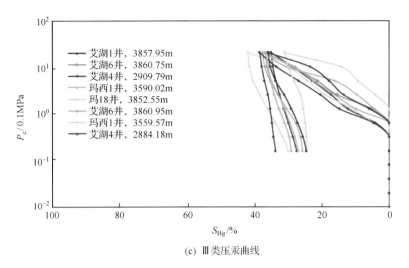

(c) Ⅲ类压汞曲线

图 5.46　百口泉组储层压汞曲线特征

P_c 为毛细管压力

表 5.6　百口泉组储层孔隙结构类型及特征

类型	压汞曲线歪度	岩性	孔隙类型	喉道类型	结构渗流系数/μm^2	中值喉道半径/μm	孔隙度/%	渗透率/$10^{-3}\mu m^2$
Ⅰ类	粗	砂质细砾岩、含砾粗砂岩	残余粒间孔、微裂隙	片状、点状喉道	0.74~63.92	0.13~2.67	8.7~16.8	1.53~787
Ⅱ类	较细	中砾岩、细砾岩	粒内溶孔	点状、管束状喉道	0.02~0.94	0.04~0.18	4.7~11.2	0.10~4.5
Ⅲ类	细	中砾岩、中细砂岩	晶间孔	管束状喉道	<0.30	<0.04	<4.7	<0.12

　　Ⅱ类孔隙结构：压汞曲线中间平缓段较短、位置略靠上、较细歪度，孔喉分选较差、半径较细，为Ⅱb类曲线[图 5.46(b)]；平均结构渗流系数为 0.19μm^2；岩性以中砾岩、细砾岩为主；溶孔不太发育，孔隙类型以粒内溶孔为主；喉道类型以点状喉道、管束状喉道为主；平均最大孔喉半径为 0.20μm，平均中值喉道半径为 0.09μm，属细喉道型；物性中等，平均孔隙度为 9.16%，平均渗透率为 1.25mD。该类孔隙结构主要见于分布于洪流成因砾岩中。

　　Ⅲ类孔隙结构：压汞曲线中间平缓段短、位置靠上、细歪度，孔喉分选差，喉道半径细，为Ⅲ类曲线[图 5.46(c)]；平均结构渗流系数为 0.002μm^2；岩性以小中砾岩、中细砂岩为主；溶孔不发育，局部可见晶间孔、粒内溶孔；喉道类型以管束状喉道为主；平均最大孔喉半径为 0.72μm，属微喉道型；物性较差，平均孔隙度为 6.95%，平均渗透率为 1.06mD；主要见于基质支撑和多级颗粒支撑的碎屑流砾岩中，牵引流成因的砾岩相中欠发育。

5.5.3 储层发育控制因素

储层是在不同的地质环境下产生的油气储集单元,其发育情况主要受沉积、成岩、构造作用等诸多因素的控制。根据岩心观察、铸体薄片、扫描电镜等资料分析,玛湖凹陷百口泉组砾岩中裂缝不发育,储层特征主要受沉积作用的控制,成岩作用对其亦有重要影响。而沉积作用对百口泉组砾岩储层的影响主要体现在杂基含量、砾岩粒度、成因类型等方面。

1. 杂基含量

碎屑岩的填隙物包括杂基和胶结物,杂基是非化学沉淀的、充填于碎屑颗粒间的原生黏土矿物及细粉砂,而胶结物是在成岩阶段从粒间溶液中沉淀出来的化学沉淀物。百口泉组砾岩属于近物源沉积,搬运距离较短,岩石中泥质杂基含量较高。泥质杂基通常难以溶蚀,并在成岩压实过程中起到润滑作用,导致高杂基储层物性较差,难以发育。

泥质杂基的含量对储层物性条件有着重要的影响。杂基含量越高,储层原生储集空间越小,砾岩抗压实能力越弱,经过成岩作用,储层变得致密,并且次生溶蚀孔较难发育,储集层物性较差。反之,杂基含量较低,储层物性条件较好。根据研究区砾岩中泥质体积百分数的高低,将其划分为贫泥型(泥质含量<4%)、含泥型(泥质含量为4%~12%)和重泥型(泥质含量>12%),其孔隙度和渗透率均明显与泥质含量呈负相关关系(图5.47)。

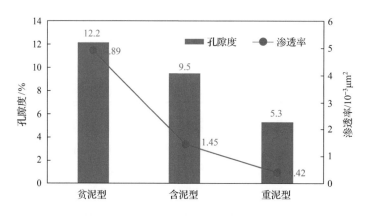

图5.47　不同杂基含量砾岩物性统计图

2. 砾岩粒度

研究区百口泉组地层岩性多样,从泥岩到粗砾岩均可发育,而尤以粒径>2mm的砾岩及粗砂岩为主。研究发现,百口泉有效储层岩性多为中粗砂岩、含砾粗砂岩、砂质细砾岩、中砾岩,而岩石颗粒粒度不同,其储层物性也不尽相同。以玛18井百一段为例,随着岩石粒度的纵向变化,其孔隙度和渗透率也相应发生改变(图5.48)。

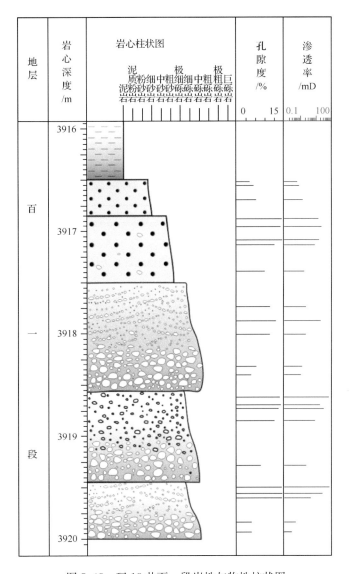

图 5.48　玛 18 井百一段岩性与物性柱状图

通过大量样品粒度和物性分析,得到百口泉组砾岩储层不同岩性与物性具有一定的响应关系。从细砾岩到粗砾岩,随着粒度的增大,砾岩孔隙度与渗透率均逐渐较小,而从细砾岩到中细砂岩,孔隙度与渗透率呈逐渐降低的趋势,这是因为百口泉组埋藏较深,成岩压实作用对砂岩影响较大,在缺少了骨架砾石的支撑后,随着粒度的降低,其物性反而降低(图 5.49)。

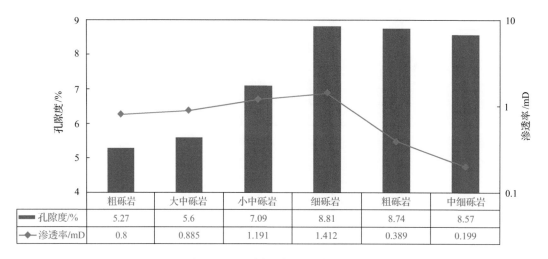

	粗砾岩	大中砾岩	小中砾岩	细砾岩	粗砾岩	中细砾岩
■孔隙度/%	5.27	5.6	7.09	8.81	8.74	8.57
◆渗透率/mD	0.8	0.885	1.191	1.412	0.389	0.199

图 5.49　不同岩性物性统计直方图

对不同粒度岩性的物性进一步细化统计,结果仍表明砾岩粒度与物性呈负相关,即随着砾岩粒度的增大,物性逐渐变差(图 5.50)。统计还发现,同一种岩性含其他粒度砾石其物性特征也具有一定变化规律,如细砾岩物性>含小中砾细砾岩>含大中砾细砾岩>含粗砾细砾岩,说明随着粒级差越大,物性逐渐变差,也即表明分选程度越高,其物性越好。砾岩有效储层的总体趋势是随着粒度增大,物性变差,细砾岩是最优质的储层。

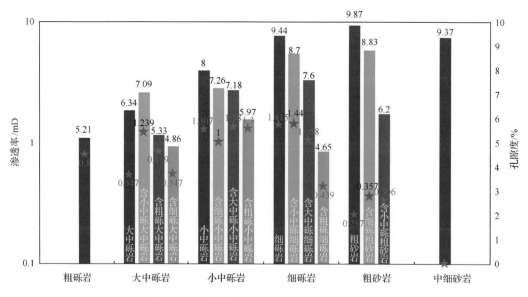

图 5.50　不同岩性细化统计及其物性直方图

3. 成因类型

前期研究认为,玛湖凹陷百口泉组砾岩沉积成因主要为牵引流、碎屑流及洪流 3 种类型。不同砾岩体的发育受沉积时期水动力条件、搬运机制及沉积碎屑物的共同控制,反过来又决定了储层质量的优劣,表现为不同成因类型的储层其物性条件具有较大差别(表 5.7)

表 5.7 不同成因类型砾岩物性对比

成因类型	孔隙度/%			渗透率/$10^{-3}\mu m^2$		
	最小值	最大值	平均值	最小值	最大值	平均值
碎屑流型	2.1	8.2	4.2	0.02	1.10	0.16
洪流型	3.7	11.8	7.3	0.15	10.6	0.71
牵引流型	4.8	15.6	9.8	1.92	102.5	5.76

(1) 碎屑流砾岩储层:砾岩表现为砾石大小混杂堆积、基质支撑的碎屑流特征。砾石分选性和磨圆度较差,砂泥砾混杂,粒度差别很大。砾石排列无明显定向性,成分成熟度和结构成熟度均很低。该类岩相沉积时期,重力作用提供了搬运动力,水体能力较弱,沉积物未经过水流的长期淘洗冲刷,沉积分异作用较弱,杂基含量较高。该类储层物性整体较差,孔隙度平均值为 4.2%,是三种成因储层类型中最低的,渗透率较低,平均为 $0.16 \times 10^{-3}\mu m^2$(图 5.51)。

(2) 洪流砾岩储层:砾岩表现为非黏结性的碎屑流向牵引流过渡的特征,砾石分选性中等,多为不同粒径的砾石颗粒混杂堆积,但粒度整体相差不大。砾石排列具有一定的定向性,成分成熟度中等,砾岩泥质杂基含量分布范围较广。洪流砾岩形成于水动力较强且较动荡的沉积环境,其支撑形式既有颗粒支撑,也有基质支撑和混合支撑。表现出其物性分布非均质性较强(图 5.51),孔隙度较高,平均为 7.3%,渗透率较低,平均为 $0.71 \times 10^{-3}\mu m^2$。

(3) 牵引流砾岩储层:砾岩表现为牵引流特征,砾石分选性和磨圆度较好,支撑形式以颗粒支撑为主,砾石排列多具有定向性,沉积构造较发育,可见槽状交错层理、板状交错层理等,局部可见平行层理。该类砾岩主要发育于水动力条件较强且稳定的各类水道中,距离物源区相对较远,经过水流的冲刷淘洗作用,砾岩中杂基含量较低,成分成熟度较高。该类储层由于基质含量较低,抗压实能力较强,且保留了部分原生储集空间,具有较好的物性条件,孔隙度平均为 9.8%,平均渗透率为 $5.76 \times 10^{-3}\mu m^2$,为研究区最有利的储层类型(图 5.51)。

4. 成岩耦合

前已述及,成岩作用对研究区百口泉组储层发育具有重要的影响。压实作用对含有大量半塑性火山岩岩屑的百口泉组储层具有很强的破坏作用,是储层物性降低的最重要原因。而有机酸对长石等矿物的溶解可以有效地改善储层质量。通过对玛北地区孔隙度与埋藏深度关系的拟合可以发现,孔隙度随着埋藏深度的增加具有明显的降低的趋势,但在 3200~3600m,发育了一个异常高孔带(图 5.52)。结合铸体薄片观察

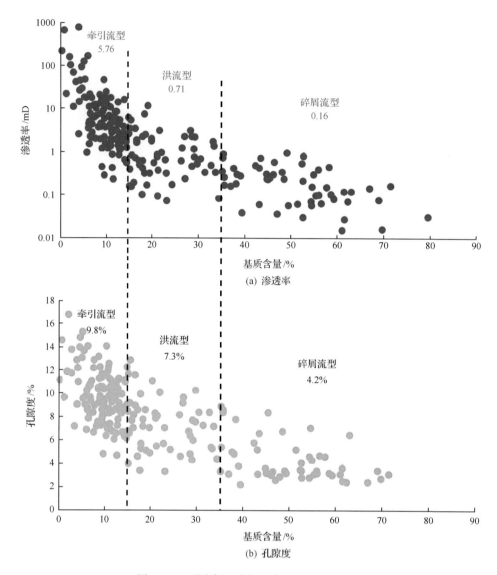

图 5.51　不同成因砾岩基质含量及物性统计

发现,该深度内正是溶蚀作用较为强烈,次生溶蚀孔广泛发育的层位,其形成大多与有机酸对长石等碎屑颗粒的溶解有关。可见有利的成岩耦合作用对百口泉组储层的发育有重要的控制作用。凝灰质火山岩岩屑含量和泥质杂基含量较低的碎屑岩其抗压实能力相对较强,同时胶结物含量较低,溶蚀作用广泛发育,并伴有成岩收缩作用的储层具有更好的发育条件。

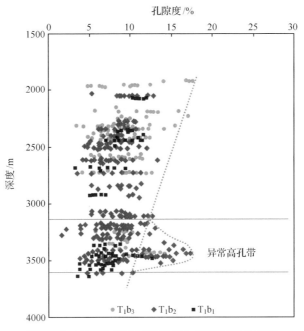

图 5.52　百口泉组储层孔隙度与埋藏深度关系图

5.6　测井储层评价

5.6.1　测井岩性识别方法的建立

　　为了更好地划分玛湖研究区储层类型,工作人员完成了 31 口井的岩心观察,并将岩性划分为粗砾岩、大中砾岩、小中砾岩、细砾岩、粗砂岩和中细砂岩(图 5.53)。并以孔隙度 7% 为界,将研究区岩性分为两类。其中在孔隙度大于 7% 的岩性中,中细砾岩占 12%,粗砾岩占 7%,大中砾岩占 11%,小中砾岩 20%,细砾岩 26%,粗砂岩 24%。孔隙度小于 7% 的岩性中,粗砾岩占 27%,大中砾岩占 26%,小中砾岩占 15%,细砾岩占 6%,粗

(a)

(b)

图 5.53　岩心理论指导与描述现场

砂岩占8%,中细砂岩占18%,如图5.54~图5.56所示(数据来源:艾湖011井、艾湖013井、艾湖1井、艾湖2井、艾湖7井、艾湖8井、艾湖9井、玛131井、玛132井、玛137井、玛139井、玛15井、玛152井、玛154井、玛18井、玛601井、玛602井、夏723井、夏89井、夏94井、风南11井、风南12井和风南15井,共23口井,1635个样品)。

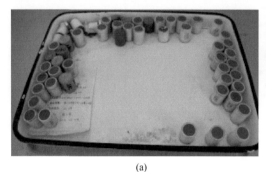 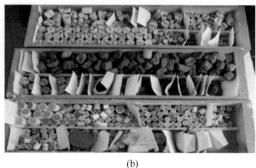

(a)   (b)

图5.54　岩心取样

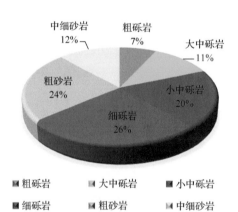

图5.55　孔隙度>7%岩性统计

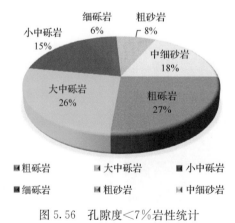

图5.56　孔隙度<7%岩性统计

1．测井敏感曲线分析及敏感参数的建立

利用多条敏感测井响应曲线、重构特征曲线构建了高分辨率电阻率、结构指数、自然伽马相对值和视骨架密度 4 条岩性敏感曲线。发现了一些基本规律:随着砾岩粒度由细变粗,高分辨率电阻率、自然伽马相对值和视骨架密度这四条岩性敏感曲线都发生由低到高的变化响应(图 5.57)。

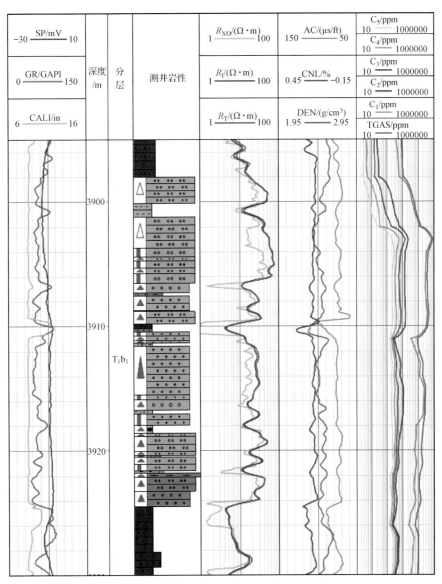

图 5.57　玛 18 井测井曲线图

TGAS. 为总烃

从图 5.58 可以看出,随着粒度的增加,视骨架密度不断增大,反映了碎屑成分的变化;酸性火山岩成分含量越高,伽马值相对越大。图 5.59 表明,杂基含量越低,物性越好。

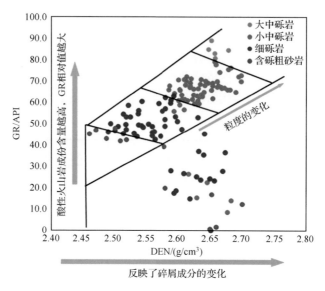

图 5.58　不同储层岩性母岩火山岩成分含量变化图

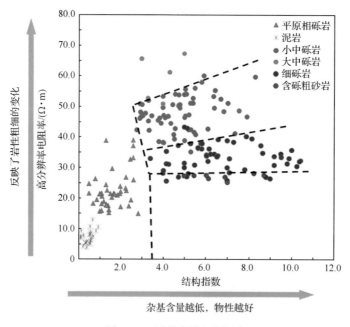

图 5.59　测井岩性识别图版

2. 储层物性主控因素与测井表征方法的建立

选取艾湖 1 井、艾湖 6 井、艾湖 011 井、艾湖 013 井、玛 18 井、玛 601 井、玛 602 井、玛 603 井样品数 38 块，做出黏土矿物与渗透率、孔隙度散点图（图 5.60、图 5.61）。随着黏土矿物含量的增加，渗透率、孔隙度都在下降，充分证明了黏土含量是储层物性的主要影响因素。

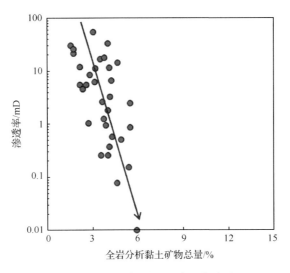

图 5.60　黏土矿物总量与渗透率关系图

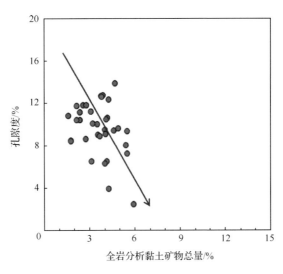

图 5.61　黏土矿物总量与孔隙度关系图

通过对玛湖凹陷百口泉组不同岩性孔、渗关系(图 5.62)研究表明:颗粒直径在 $-3\Phi\sim1\Phi$、$-1\Phi\sim1\Phi$ 的物性较好,即细砾岩和粗砂岩物性最好。

5.6.2　储层分类方法

本节分扇体建立了孔隙度计算公式。选取玛 18 井、玛 601 井、玛 603 井共 105 块样品,分析了玛西斜坡黄羊泉百口泉组孔隙度-密度关系(图 5.63),建立了其对应的公式:

$$\Phi = -0.017\mathrm{DEN} + 2.68 \tag{5.1}$$

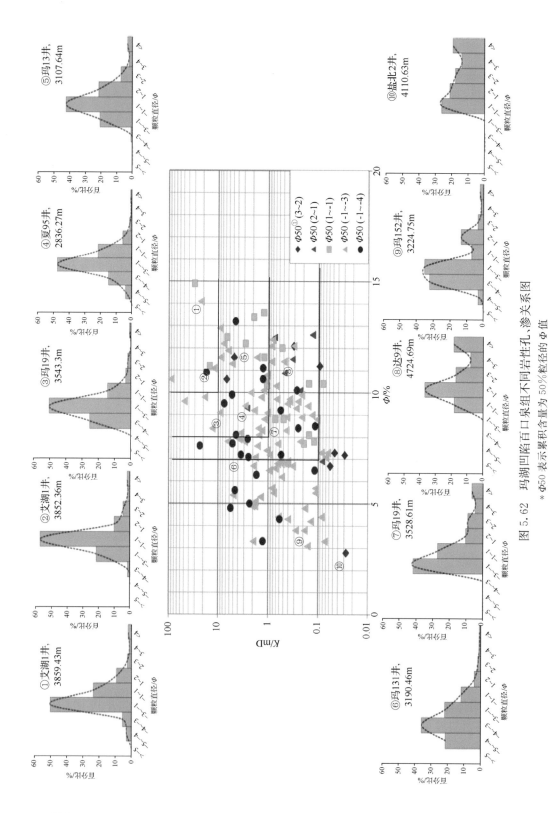

图 5.62 玛湖凹陷百口泉组不同岩性孔、渗关系图

*Φ50 表示累积含量为 50% 粒径的 Φ 值

选取玛 139 井、夏 89 井、玛 154 井共 155 块样品,分析玛北斜坡夏子街扇百口泉组孔隙度-密度关系(图 5.64),建立其对应的公式:

$$\Phi = -0.016DEN + 2.665 \tag{5.2}$$

由图 5.65 可以得出,百口泉组储层可以分为 4 类:一类储层孔隙度大于 10%,渗透率大于 10%,属于低孔低渗型;二类储层孔隙度在 8%～10%,渗透率在 1%～10%,属于特低孔渗低渗;三类储层孔隙度在 7%～9%,渗透率在 0.1%～1%,属于特低孔超低渗;四类储层孔隙度小于 7%,渗透率小于 0.1,属于致密储层。

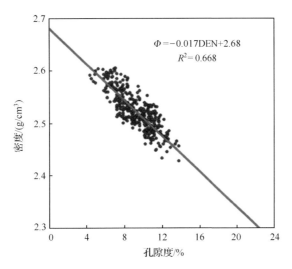

图 5.63　玛西斜坡黄羊泉扇百口泉组孔隙度-密度关系图

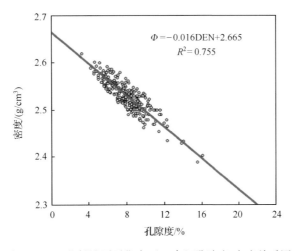

图 5.64　玛北斜坡夏子街扇百口泉组孔隙度-密度关系图

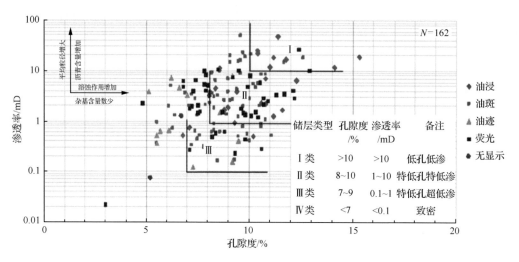

图 5.65　百口泉组储层物性与含油性关系图

砾岩沉积体系分布规律 第6章

在岩心观察的基础上,结合测井资料及有关测试分析资料,确立沉积相类型,识别沉积相标志;对单井沉积相进行划分,明确百口泉组垂向演化规律;而后,在连井对比模式建立的基础上,开展连井沉积相对比,理清沉积体系在二维剖面上的分布规律;最终在沉积模式的指导下,通过沉积参数编图,确定百口泉组沉积体系的平面展布规律。

6.1 沉积相类型

在勘探早期,钻井多集中在凹陷边缘埋深较浅的断裂带,因此受制于钻井资料的局限,多数学者研究认为百口泉组这套粗粒沉积物为冲积扇沉积。近年来,玛湖凹陷斜坡带的显著勘探发现,证实了斜坡带百口泉组砾岩与断裂带有着明显的差异。斜坡带百口泉组砾岩分选性、磨圆度相对较好,孔、渗物性好,是该区有利的油气储集层。随着研究的进一步深入,基本证实了这套储层为水下分流河道成因的砂砾岩体。因而,科研工作者对其沉积相类型的认识也从之前的完全暴露于陆表的冲积扇沉积变为具有稳定水体的扇三角洲沉积。

为进一步证实百口泉组沉积时期存在稳定的水体,对百口泉组泥岩进行取样分析。在保证取样点覆盖全区的前提下,对泥岩进行姥鲛烷/植烷(Pr/Ph)参数测定,Pr/Ph 值小于 1 时为还原环境,介于 1~3 时为弱氧化-还原环境,大于 3 时则为氧化环境。测试结果表明,玛湖凹陷百口泉组主要为弱氧化-还原环境的滨岸沉积或浅水沉积(表 6.1)。

表 6.1 玛湖凹陷百口泉组泥岩饱和烃气相色谱 Pr/Ph 分析数据表(唐勇,2014)

井号	深度/m	层位	岩性	Pr 峰面积	Ph 峰面积	Pr/Ph	氧化还原条件	古沉积环境
艾湖 2	3311.84	T_1b_2	褐色泥岩	907	656	1.4	弱氧化-还原	滨岸
艾湖 2	3312.14	T_1b_2	灰色泥岩	348	362	1.0	还原	水下
玛 002	3473.9	T_1b_3	褐色泥岩	880	547	1.6	弱氧化-还原	滨岸
玛 11	3422.3	T_1b_3	褐色泥岩	328	252	1.3	弱氧化-还原	滨岸
玛 18	3920.5	T_1b_1	灰色泥岩	1724	1357	1.3	弱氧化-还原	滨岸
玛 18	3927.38	T_1b_1	褐色泥岩	283	180	1.6	弱氧化-还原	滨岸
玛 9	3675.8	T_1b_1	灰色泥岩	588	435	1.4	弱氧化-还原	滨岸
玛东 2	3595.1	T_1b_3	深灰色泥岩	528	445	1.2	弱氧化-还原	滨岸
玛东 2	3597.2	T_1b_3	褐色泥岩	2230	1222	1.8	弱氧化-还原	滨岸
玛湖 3	3777.5	T_1b_2	灰色泥岩	259	223	1.2	弱氧化-还原	滨岸

井号	深度/m	层位	岩性	Pr峰面积	Ph峰面积	Pr/Ph	氧化还原条件	古沉积环境
夏90	2599.4	T_1b_2	褐色泥岩	234	219	1.1	弱氧化-还原	滨岸
夏盐2	4352.4	T_1b_3	灰色泥岩	646	364	1.8	弱氧化-还原	滨岸
夏盐2	4407.4	T_1b_2	灰色泥岩	747	379	2.0	弱氧化-还原	滨岸
盐北2	4112.4	T_1b_2	褐色泥岩	262	244	1.1	弱氧化-还原	滨岸

因此,基本确定了百口泉组砾岩为近源粗粒扇三角洲成因,且扇三角洲搬运机制复杂,水动力条件变化快。根据岩心沉积特征与测井响应特征,百口泉组粗粒扇三角洲可划分为扇三角洲平原、扇三角洲前缘及前扇三角洲,其中前缘可细分为扇三角洲前缘外带和前缘内带。

6.1.1 岩心相标志

岩心是研究岩性、物性、电性和含油性等最可靠的第一手资料,也是进行地下储层沉积相分析的最为可靠的直接证据。通过对研究区内百口泉组岩心进行观察与精细描述后,从岩心的颜色、粒度、成分、分选、磨圆、沉积构造、胶结类型等多个方面进行分析,建立了研究区内识别沉积微相的岩心相标志(表6.2)。

表6.2 百口泉组沉积相岩心相特征

沉积相带		岩心沉积特征									
		厚度/m	颜色	粒度	成分	分选	磨圆	沉积构造	支撑形式	胶结类型	沉积速率	岩心照片
扇三角洲平原	碎屑水道	0.1~2	杂灰色红褐色	中粗-细砾岩	岩浆岩岩屑	差	中等-差	块状层理	多级颗粒基质支撑	压嵌式胶结	快	
	辫状水道	0.5~3	杂灰色红褐色	中-细砾岩	岩浆岩岩屑	下部较差上部较好	中等较差扁平状	块状层理粒级层理	多级同级颗粒支撑	压嵌式胶结	快	
	水道间	1~5	杂色	粉砂岩中粗砂岩	岩浆岩岩屑	变化较大	不规则	流水沙纹层理	同级颗粒支撑	孔隙充填胶结	较快	
扇三角洲前缘内带	辫状分支水道	1~4	浅灰色灰绿色	中-细砾岩	石英、岩屑	较好	磨圆较好椭圆状	槽状板状交错层理	颗粒支撑	孔隙充填胶结	较快	
	水下分流间湾	2~7	浅灰色灰绿色	粉砂岩泥岩	灰绿泥岩	较好	磨圆较好	流水沙纹层理	颗粒支撑	孔隙充填胶结	慢	
扇三角洲前缘外带	水下分流河道	2~5	浅灰色灰绿色	细砾岩、含砾粗砂	石英、岩屑	较好	磨圆较好椭圆状	槽状板状交错层理	颗粒支撑	孔隙充填胶结	较快	
	河口坝	1~2	浅灰色灰绿色	含砾砂岩中粗砂岩	石英、岩屑	好	磨圆好等轴状	板状交错层理	同级颗粒支撑	孔隙充填胶结	较慢	
前扇三角洲	前扇三角洲泥	4~7	深灰色	泥岩	泥岩	无	无	水平层理	杂基支撑	基底胶结	慢	

1. 碎屑水道

单层厚度在 0.1～2m,以红褐色、杂灰色粗砾岩与大中砾岩为主,成分以岩浆岩与沉积岩岩屑为主;分选性差,磨圆度为中等-差,多呈块状,多级颗粒或基质支撑,颗粒间以压嵌胶结为主,反映水动力较强,沉积速率快(图 6.1)。

(a) 玛139井,T_1b_1,灰绿色含小中　　(b) 风南11井,T_1b_1,含大中砾岩、　　(c) 艾湖2井,T_1b_2,红褐色粗砾,多级
砾岩、大中砾岩,多级颗粒支撑　　　　小中砾岩,基质支撑　　　　　　颗粒支撑,块状层理

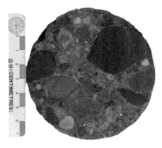

(d) 夏62井,T_1b_3,灰绿色粗砾,　　(e) 夏62井,T_1b_3,灰绿色粗砾,　　(f) 夏82井,T_1b_3,多级颗粒支撑
砾石质支撑　　　　　　　　砂质支撑

图 6.1　碎屑水道岩心照片

2. 辫状水道

单层厚度为 0.5～3m,红褐色、杂灰色中-粗砾岩,母岩成分为岩浆岩与沉积岩岩屑;通常下部分选性较差,上部较好,磨圆度为中等较差;发育块状层理与粒级层理,多级或同级颗粒支撑为主,砾石颗粒为压嵌式胶结,较为致密(图 6.2)。

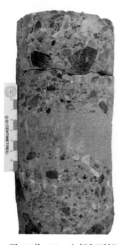

(a) 玛003井, T_1b_2, 上部和下部为灰绿色中粗砾岩, 中部可见灰褐色中细砂质条带, 粒级层理

(b) 玛004井, T_1b_1, 顶部红褐色中粗砾岩, 中下部红褐色中粗砂, 不夹砾石颗粒, 粒级层理

(c) 玛004井, T_1b_3, 灰绿色粗砂, 中部和顶部含砾岩较多, 以中细砾岩为主, 粒级层理

(d) 玛137, T_1b_1, 灰绿色含小中砾岩大中砾岩, 多级颗粒支撑

(e) 玛20, T_1b_2, 灰褐色粗砾岩, 砾石质颗粒支撑

(f) 艾湖1井, T_1b_2, 红褐色粗砾岩, 块状层理

(g) 夏62井, T_1b_2, 灰绿色中细砾岩, 分选性差, 多级颗粒支撑

(h) 夏90井, T_1b_2, 灰绿色中细砾岩, 分选性差, 多级颗粒支撑

(i) 夏62井, T_1b_2, 灰绿色中粗砾岩, 分选性差, 多级颗粒支撑

图 6.2　辫状水道典型岩心照片

3. 水道间

水道间为水道两侧漫溢细粒沉积,沉积速率较慢,单层厚度为 1~5m,杂色粉砂岩或中粗砂岩,成分为沉积岩岩屑;分选变化不大,磨圆度不规则;偶见流水沙纹层理,同级颗粒支撑,孔隙充填胶结(图 6.3)。

(a) 艾湖4井, T_1b_1,灰色中砂岩-粗砂岩,
反粒序,无明显层理,多级颗粒支撑

(b) 艾湖6井, T_1b_1,灰绿色中砂岩,
无明显层理,砂质较纯

(c) 达10井, T_1b_2,灰色含砾中
砂岩,定向排列

(d) 艾湖6井, T_1b_1,深灰色含砾粗砂岩,
含较多细砾组分,无明显定向排列

(e) 艾湖011井, T_1b_1,灰绿色粉
砂质泥岩

(f) 艾湖012井, T_1b_2,砾石排列杂乱,
同级颗粒支撑

图 6.3　水道间岩心照片

4. 辫状分支水道

辫状分支水道为辫状水道的分支延伸,单层厚度为 1~4m,浅灰色、灰绿色中-细砾岩,母岩成分以沉积岩岩屑为主,见单晶石英,分选性、磨圆度相对中等-较好,主要发育的沉积构造为粒级层理与槽状交错层理,颗粒之间相互接触,孔隙充填胶结为主(图 6.4)。

5. 水下分流河道

水下分流河道为扇三角洲前缘外带水道沉积,单层厚度为 2~5m,浅灰色或灰绿色细砾岩或含砾粗砂岩,岩石成分为石英或岩屑,分选性和磨圆度均较好,结构成熟度与矿物成熟度均较好;发育槽状或板状交错层理,为颗粒支撑,孔隙充填胶结,沉积速率相对较快(图 6.5)。

(a) 黄3井，T_1b_2，多级颗粒支撑

(b) 艾湖1井，T_1b_2，灰褐色中细砾，砂质支撑

(c) 达10井，T_1b_2，灰绿色细砾岩，可见较明显槽状交错层理，基质支撑

(d) 玛004井，T_1b_3，灰绿色粗砂，粒级层理

(e) 克80井，T_1b_2，中上部灰绿色中粗砾，粒级层理

(f) 风南11井，T_1b_2，灰褐色小中砾岩，基质支撑

图 6.4　辫状分支水道

6. 河口坝

河口坝为水下分流河道在前缘的卸载沉积，单层厚度为 1~2m，浅灰色或灰绿色含砾砂岩或中粗砂岩，成分为石英或岩屑；分选性和磨圆度好，发育板状交错层理；同级颗粒支撑为主，孔隙充填胶结（图 6.6）。

(a) 艾湖4井,T_1b_2,灰色粗砂岩,
夹细砾石,槽状交错层理

(b) 风南16井,T_1b_1,灰绿色含小中
砾岩细砾岩,叠瓦状排列

(c) 达10井,T_1b_2,灰绿色细砾岩,
细砾石定向排列,混合支撑结构

(d) 艾湖011井,T_1b_1,灰绿色
细砾岩,板状交错层理

(e) 玛20井,T_1b_2,灰褐色
细砾岩,基质支撑

(f) 玛137井,T_1b_2,深灰色小中
砾岩,分选性较差,基质支撑

图 6.5　水下分流河道岩心照片

7. 水下分流间湾

水下分流间湾为扇三角洲前缘水下分流河道之间漫溢细粒沉积,单层厚度为2～7m,浅灰色或灰绿色粉砂岩或泥岩;分选性和磨圆度较好,发育流水沙纹层理;颗粒支撑,孔隙充填胶结,反映水动力弱,沉积速率慢(图6.7)。

(a) 艾湖8井, T_1b_2, 红褐色小
中砾岩, 反粒序

(b) 艾湖8井, T_1b_1, 红褐色小中
砾岩, 反粒序, 多级颗粒支撑

(c) 风南16井, T_1b_2, 红褐色含
小中砾细砾岩, 反粒序

图 6.6 河口坝岩心照片

(a) 艾湖6井, T_1b_3, 红褐色泥岩,
局部含砾石颗粒

(b) 玛20井, T_1b_2, 中下部为灰绿
色中砂岩, 中上部为细砾岩

(c) 风南11井, T_1b_2红褐色泥岩,
局部含细砾石颗粒

(d) 达10井, T_1b_2, 红褐色泥岩,
质杂, 且砾石颗粒多定向排列

(e) 玛139井, T_1b_3, 灰绿色粗砂, 质纯,
未见砾石颗粒, 无明显层理

(f) 玛139井, T_1b_3, 红褐色粉
砂质泥岩, 无明显层理

图 6.7 水下分流间湾岩心照片

8. 前扇三角洲泥

前扇三角洲泥为扇三角洲前端静水环境下,泥质沉积物缓慢沉积而成,厚度较大,但在玛湖地区目前钻遇的井未见厚段深灰色泥岩,发育水平层理,杂基支撑,基底胶结,反映水动力弱,沉积速率慢(图 6.8)。

(a) 艾湖011井, T_1b_2, 灰绿色粉砂质泥岩,无明显层理

(b) 玛中1井, T_1b_3, 红褐色泥岩,局部含细砾石颗粒、砂质

(c) 夏723井, T_1b_3, 红褐色泥岩,质纯,无明显层理

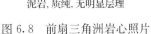

(d) 玛139井, T_1b_3, 红褐色粉砂质泥岩,质纯,无明显层理

(e) 玛139井, T_1b_3, 红褐色粉砂质泥岩,质纯,无明显层理

(f) 玛139井, T_1b_3, 红褐色粉砂质泥岩,质纯,无明显层理

图 6.8　前扇三角洲岩心照片

6.1.2 测井相标志

测井相指表征沉积物特征、并能辨别沉积相的一组测井响应。利用测井曲线形态分析沉积环境主要依靠如下几个要素:幅度、形态、顶底接触关系、光滑程度、齿中线、幅度组合包线类型、形态组合方式(宋秋强等,2013)。测井相分析主要是研究有成因联系的岩石类型及其电测曲线的形态特征及组合关系。

根据区域性、典型性和有效性的基本原则,在全区范围内分别选择了岩心观察井段、岩心综合图、录井综合图的代表井进行了单井沉积微相分析。为认识目的层段岩性-电性关系,利用测井曲线进行全区单井分析奠定基础。

碎屑水道与水道间是扇三角洲平原的主要微相,其中平原水道又可以细分为碎屑水道和辫状水道,二者的测井响应类似,均为高幅、锯齿、厚层箱形,顶部略呈钟形。因而,碎屑水道与辫状水道的识别标志与区分特征关键在于其岩心特征:碎屑水道岩心上表现为混杂堆积,分选较差,碎屑流特征突出;辫状水道岩心上可见砾石的叠瓦状排列,分选相对较好,牵引流特征明显。粗粒辫状水道与辫流坝间是紧密联系的。由于水动力条件变化复杂,水道经常对坝进行侵蚀、改造,坝也经常在水道中迁移,二者的测井响应特征也基本一致,因此二者在微相上很难区分识别。水道间常为浅灰褐色粉砂岩或含砾泥岩,测井曲线表现为中高幅、微锯齿状指形(图6.9)。

扇三角洲前缘相带多是指时而水上、时而水下的沉积环境,前缘内带是指时常出露水面,但在洪水期没于水下,前缘外带是指时常位于水下,仅在枯水期出露地表。依据岩心与测井识别标志,以及沉积微相在空间上的延续性,扇三角洲前缘可细分为辫状分支水道、水下分流河道、水下分流间湾、河口坝四种微相类型。

辫状分支水道是平原相辫状水道的延伸分支,其河道规模减小,即沉积厚度和沉积构造规模均相对辫状水道较小,且主要砂砾岩粒度也相对较小,以中砾岩为主,泥质含量大幅度降低,发育粒级层理、槽状交错层理等牵引流成因沉积构造;测井曲线为高幅、微齿状钟形。辫状分支水道再往前推进就过渡为水下分流河道,河道分叉更频繁,弯曲度更高,即砂砾岩与泥岩间互更频繁,岩石粒度在三种水道中最细,为中细砾岩、细砾岩,分选性与磨圆度较好,以槽状交错层理为主,测井曲线为中高幅钟形。在扇三角洲前缘外带边缘由于沉积载荷松动发生富泥碎屑流沉积,呈朵状向前推移,称为水下碎屑朵体,其在测井上识别难度大,而在岩心观察中特征明显。在前缘外围局部发育与岸线平行的河口坝,岩性为含砾粗砂岩、细砾岩,砾岩相对最好的分选性与磨圆度及大量板状交错层理的发育为主要识别标志,测井曲线为中幅漏斗形。水下分流间湾是水道之间的细粒沉积,岩心及测井上均能较好识别,其岩性以灰绿色粉砂岩为主,测井曲线为低幅指形。

前扇三角洲泥位于浅湖中,泥岩以深灰色为主,局部含一些砂质碎屑,测井曲线为低幅、锯齿状线形。

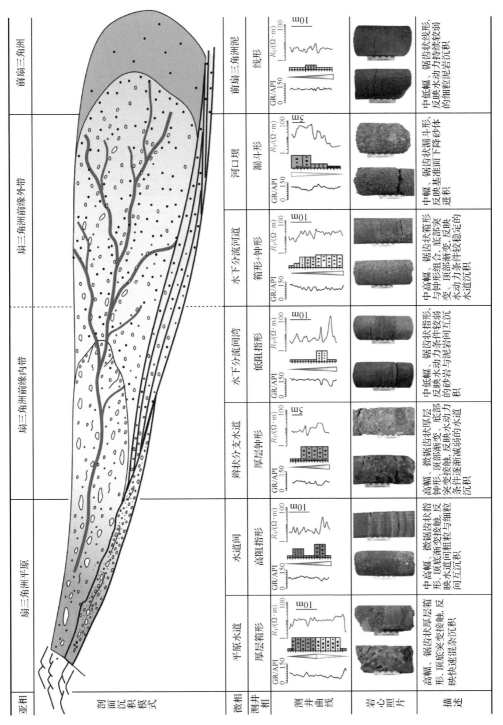

亚相	扇三角洲平原	扇三角洲前缘内带			扇三角洲前缘外带		前扇三角洲
微相	平原水道	水道间	辫状分支水道	水下分流间湾	水下分流河道	河口坝	前扇三角洲泥
测井相	厚层箱形	高阻指形	厚层钟形	低阻指形	箱形-钟形	漏斗形	线形
描述	高幅、锯齿状厚层箱形，顶底突变接触，反映快速混杂沉积	中高幅、微锯齿状指形，顶底渐变接触，反映水道间粗粒与细粒间互沉积	高幅、微锯齿状厚层钟形，顶部渐变、底部突变接触，反映水动力条件逐渐减弱的水道沉积	中低幅、锯齿状指形，反映水动力条件较弱的砂岩与泥岩间互沉积	中高幅箱形与钟形组合，锯齿状箱形突变、底部渐变，顶部渐变，反映水动力条件稳定的水道沉积	中幅、锯齿状漏斗形，反映基准面下降砂体进积	中低幅、锯齿状线形，反映水动力持续较弱的细粒泥岩沉积

图 6.9　百口泉组扇三角洲相带类型与测井特征

6.2 单井沉积相划分

在岩心相标志和测井相模板的基础上,对研究区内30口井进行了沉积微相的划分。这里选取研究区内玛152井、玛18井、玛湖3井进行分析。

玛152井位于夏子街扇的中部,通过对其单井沉积相分析表明:总体为扇三角洲平原亚相和前缘内带(图6.10)。

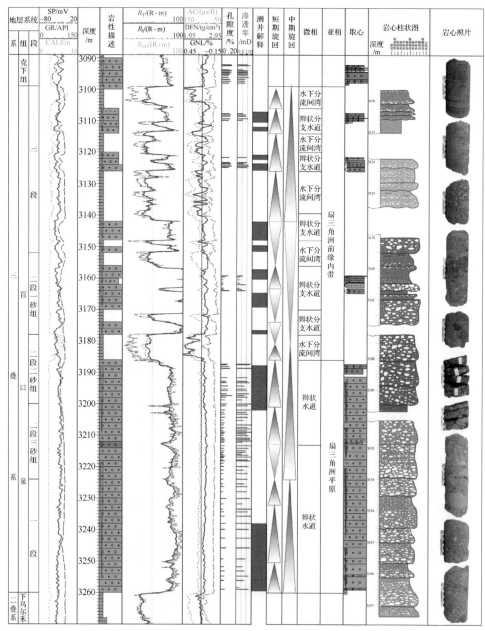

图6.10 玛152井层序与沉积微相综合柱状图

百一段为扇三角洲平原亚相碎屑水道和辫状水道沉积为主,岩性为褐色砂砾岩、砾岩,SP、R_T 测井曲线为略呈正旋回的高幅厚层箱形。百二段下部为扇三角洲平原亚相辫状水道沉积,岩性为褐色砂砾岩、砾岩,SP、R_T 测井曲线为略呈正旋回的高幅箱形。百二段上部为扇三角洲前缘内带辫状分支水道和水下分流间湾沉积,岩性以灰绿色砂砾岩和褐色泥岩为主,SP、R_T 测井曲线为呈正旋回的钟形。百三段与百二段特征大致相同,为扇三角洲前缘内带沉积。

玛 18 井位于黄羊泉扇的东南方向边部,分析表明玛 18 井总体为扇三角洲前缘和前扇三角洲相沉积(图 6.11)。百一段和百二段下部主要发育扇三角洲前缘内带辫状水道

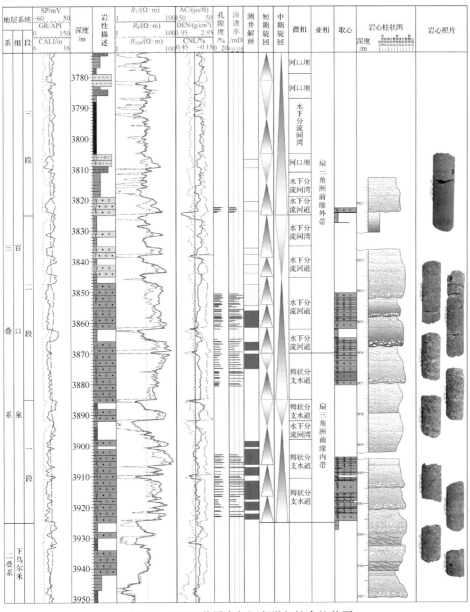

图 6.11　玛 18 井层序与沉积微相综合柱状图

和水下分流间湾沉积,岩性灰绿色砂砾岩和褐色粉砂质泥岩,SP、R_T 测井曲线为呈正旋回的高幅钟形。百二段上部和百三段下部为扇三角洲前缘外带水下分流河道和水下分流间湾沉积,岩性以灰色砂砾岩、泥岩,SP、R_T 测井曲线为中幅值钟形。百三段的上部为前扇三角洲,为大套灰黑色泥岩,GR 值较高,SP、R_T 测井曲线为低幅值线形。

玛湖 3 井位于克拉玛依扇的东边,周围探井较少,对于玛湖 3 井沉积微相的研究分析有助于克拉玛依扇的勘探。通过分析表明:总体为扇三角洲前缘沉积(图 6.12)。百一段

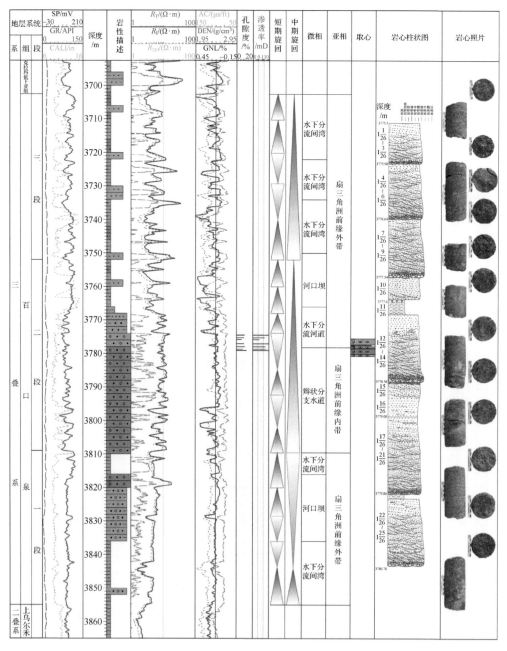

图 6.12　玛湖 3 井层序与沉积微相综合柱状图

为扇三角洲前缘外带河口坝和水下分流间湾沉积,岩性以灰绿色砂砾岩和褐色泥岩为主,SP、R_T 测井曲线为低幅值的漏斗形,GR 曲线值相对较高,说明泥质含量高。百二段为扇三角洲前缘内带辫状分支水道和水下分流河道沉积,岩性以灰绿色细粒砂砾岩为主,SP、R_T 测井曲线为高幅值的箱形、钟形。百三段为扇三角洲前缘外带的水下分流河道和水下分流间湾沉积,岩性以灰绿色的细粒砂砾岩和褐色的泥岩为主,SP、R_T 测井曲线为低幅值的漏斗形,GR 曲线值相对较高。

6.3　连井沉积相对比

为了研究本区内各种沉积相带在空间上的展布特征,以及剖面上的沉积体系组合特征,更好地研究沉积微相在纵向上的发育演变情况,在单井相分析的基础上,根据已钻井分布情况,全区选取 9 条连井剖面(图 6.13),分析沉积砂体的展布和叠置关系。进行了连井砂体对比和沉积相研究。

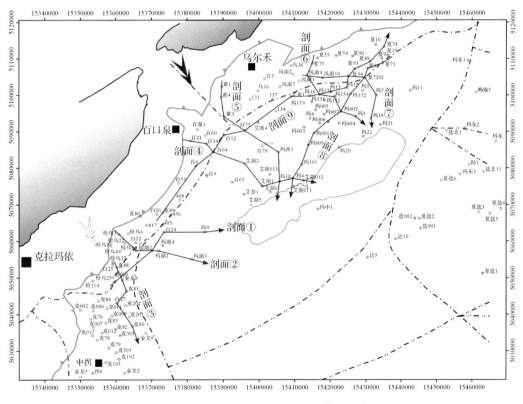

图 6.13　连井沉积相对比剖面平面位置示意图

6.3.1　连井对比模式

在前面层序旋回研究中已明确了百口泉组整体为退积正旋回,而内部表现为进积反旋回。在地震剖面上,对地震反射轴进行追踪对比,识别出整体与内部反射结构,进而建立剖面对比模式(图6.14)。地震剖面上,沉积体系总体呈水进退积,但内部为砂体的向前进积。依据此整体退积局部进积的模式可以进行沉积相与砂体的对比。

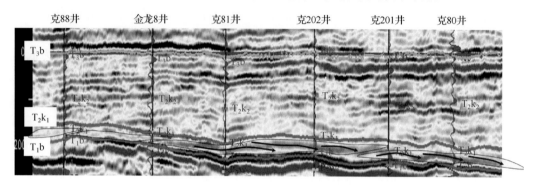

图6.14　百口泉组地震剖面反射特征

6.3.2　连井砂体对比

在扇三角洲沉积模式的指导下,通过顺物源和横切物源连井剖面,采用高分辨率层序地层学理论和技术研究工区内三角洲沉积剖面演化特征,连井剖面结合砂层地震反射结构分析井区三角洲剖面砂体演化特征。

1.剖面①

该连井剖面位于克拉玛依扇,依次经过检乌25井、玛湖2井、白24井、玛9井,共有4口井。其中最大井距13517.5m,检乌25井—白24井为横切物源方向,转至玛9井为顺物源。整体砂体发育较差,孤立砂体发育,连通性差。百一段和百二段砂体较为发育,厚度大、连通性相对较好,百三段砂体发育较差(图6.15)。

沉积微相连井对比图表明:检乌25井与玛9井属于扇三角洲前缘亚相,主要发育水下分流河道、河口坝和水下分流间湾,测井曲线表现为钟形和漏斗形。玛湖2井和白24井区为扇三角洲平原亚相,发育碎屑水道、辫状水道和水道间微相(图6.16)。

2.剖面②

该连井剖面位于克拉玛依扇,为一条顺物源的剖面,方向为南东东。从东向西依次经过检乌3井、检乌26井、玛湖2井、玛湖1井、玛湖3井。由于是顺物源的剖面,砂体的连续性均较好,近物源砂体个数较少,地层较平;相对远离物源时砂体个数多,且小层内部前积现象较为明显。砂体主要发育在百一段和百二段,百三段可见席状砂发育。呈现出小层进积,整体退积的规律(图6.17)。

从沉积微相连井对比来看,百一段和百二段主要为扇三角洲平原亚相,发育碎屑水道、辫状水道和水道间,玛湖3井距离物源较远,为扇三角洲平原前缘外带,发育水下分流河道为主。整体受湖侵影响,在百三段时期整体前扇三角洲相,发育前缘席状砂和前扇三角洲泥(图6.18)。

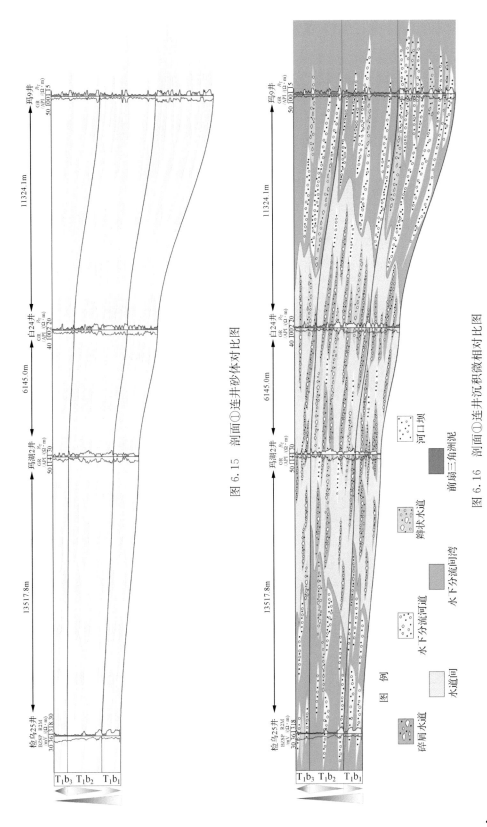

图 6.15　剖面①连井砂体对比图

图 6.16　剖面①连井沉积微相对比图

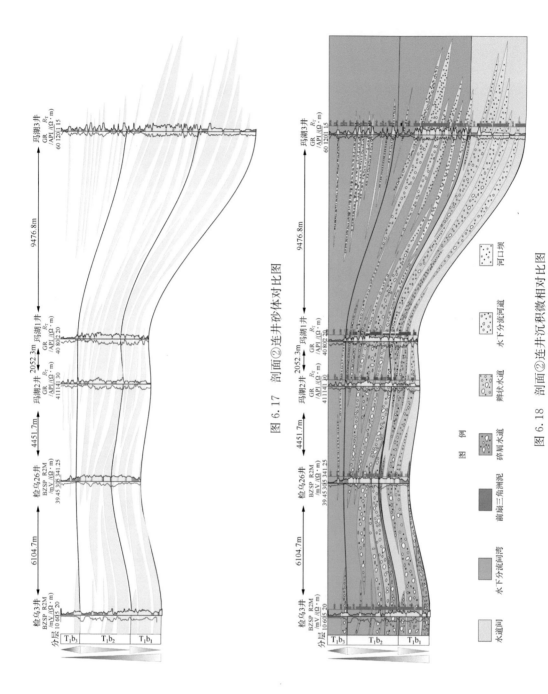

图 6.17 剖面②连井砂体对比图

图 6.18 剖面②连井沉积微相对比图

3. 剖面③

该连井剖面为一条斜交克拉玛依扇物源的剖面，方向为南南东。依次经过克 88 井、金龙 8 井、克 81 井、白 27 井、克 80 井。由于是斜交物源的剖面，砂体的连续性较差，百一段砂体个数少、规模大，百二段砂体个数增多、厚度减薄，百三段砂体个数少、厚度薄且相对孤立，小层内部前积现象和整体退积现象较为明显(图 6.19)。

从沉积微相连井对比来看(图 6.20)，百一段主要为扇三角洲平原亚相，发育辫状水道和水道间微相。百二段为扇三角洲前缘内带，以辫状分支水道、水下分流河道和水下间湾为主。百三段过渡为扇三角洲前缘外带，发育水下分流河道和河口坝沉积微相。

4. 剖面④

该连井剖面为顺切黄羊泉扇体物源的东西向剖面，从西向东依次经过百 21 井、百 63 井、百 34 井、百 64 井、艾湖 2 井、艾湖 1 井、玛 18 井、玛 6 井。顺物源剖面，其砂体连续性均较好，近物源砂体个数较少，地层较平；相对远离物源时砂体个数较多，且小层内部前积现象较为明显。砂体主要发育在百一段和百二段，其中百二段单砂体厚度较大，百三段可见薄层河口坝沉积，该剖面垂向整体上仍表现为一个水进退积的过程(图 6.21)。

沉积微相连井对比剖面中，百 21 井—百 64 井距离物源较近，百一段-百三段均为扇三角洲平原亚相沉积，以碎屑水道和辫状水道为主，较远离物源的艾湖 2 井在百二段和百三段发育扇三角洲前缘内带，艾湖 1 井—玛 6 井在百一段和百二段发育扇三角洲前缘内带，发育水下分流河道和水下分流间湾沉积。百三段时期为扇三角洲前缘外带，发育河口坝和前扇三角洲泥微相(图 6.22)。

5. 剖面⑤

该连井剖面为顺切黄羊泉扇体物源的剖面，剖面方向为南南东。依次经过黄 1 井、黄 4 井、黄 3 井、百 75 井、玛西 1 井、玛 18 井。从连井砂体对比剖面来看，由于是顺物源的剖面，靠近物源的黄 1 井和黄 4 井地层较厚且砂体较为发育，砂体的连续性均较好；相对远离物源时砂体较薄，且小层内部前积现象较为明显。砂体主要发育在百一段和百二段，砂体连续性较好；百三段可见单砂体厚度薄，不连续。该剖面垂向整体上表现为一个水进退积的过程(图 6.23)。

沉积微相连井对比剖面中可见沿物源方向整体由扇三角洲平原亚相向扇三角洲前缘亚相过渡，玛 18 井的百三段变为前扇三角洲相。黄 1 井—百 75 井距离物源较近，碎屑水道较为发育，玛西 1 井为扇三角洲前缘内带，辫状分支水道较为发育。玛 18 井在百一段和百二段为扇三角洲前缘外带，发育水下分流河道和河口坝沉积微相(图 6.24)。

6. 剖面⑥

该连井剖面为横切夏子街扇物源的剖面，方向为南东，依次经过夏 75 井、风南 4 井、玛 131 井、玛 134 井、玛 002 井、玛 5 井。由于是横切物源的剖面，砂体的连续性与顺物源剖面相比，其连续性较差，小层内前积现象不明显，砂体间相互切割叠置，整体退积的规律较

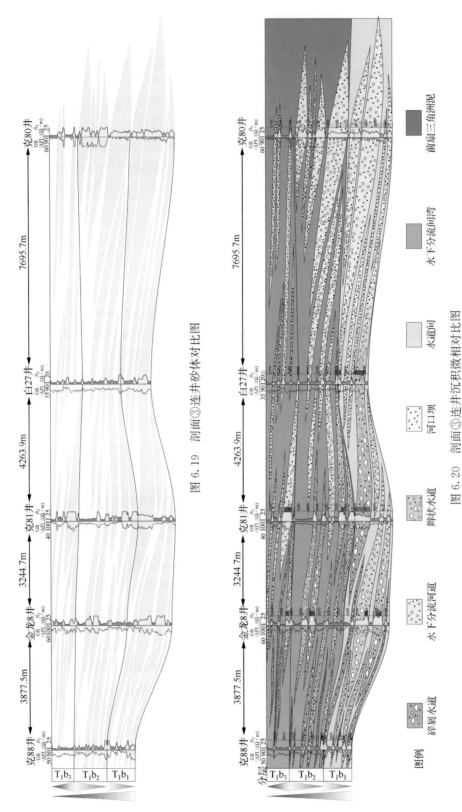

图 6.19　剖面③连井砂体对比图

图 6.20　剖面③连井沉积微相对比图

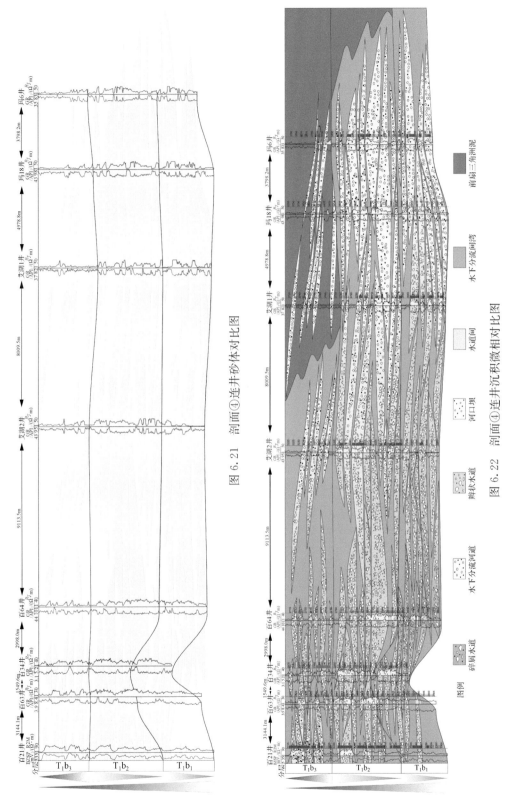

图 6.21　剖面④连井砂体对比图

图 6.22　剖面④连井沉积微相对比图

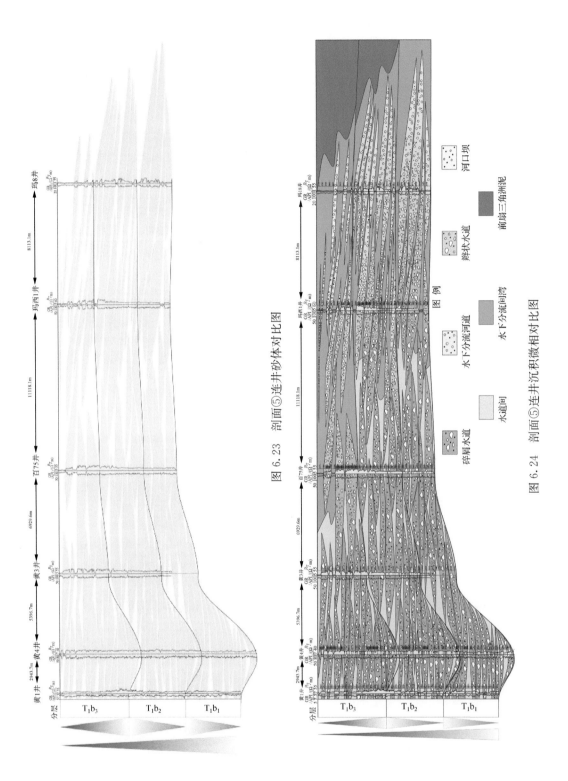

图 6.23 剖面⑤连井砂体对比图

图 6.24 剖面⑤连井沉积微相对比图

为清楚。风南 4 井和玛 131 井间砂体基本不连通,井间为泥岩隔挡。玛 134 井、玛 002 井、玛 5 井砂体发育较好,单砂体厚度较大。整体百三段砂体发育较差,为薄层河口坝砂体分布(图 6.25)。

沉积微相连井对比剖面显示出夏 75 井与风南 4 井在百一段为扇三角洲前缘内带,百二段时期为扇三角洲前缘外带,主要发育水下分流河道和水下分流间湾。在百三段为前扇三角洲相,发育前扇三角洲泥。玛 131 井—玛 5 井位于夏子街扇的主体部位,在百一段和百二段,以发育碎屑水道和辫状水道为主,为扇三角洲平原亚相。百三段过渡为扇三角洲前缘内带,以水下分流河道和河口坝为主(图 6.26)。

7. 剖面⑦

该连井剖面为斜切夏子街扇体物源的剖面,方向为南东,依次经过夏 81 井、风南 10 井、夏 94 井、夏 72 井、玛 7 井、玛 19 井。从连井砂体对比剖面来看,砂体连续性较差,在夏 81 井—夏 72 井区砂体之间相互叠置,而在玛 7 井与玛 19 井可见砂体的进积,反映该剖面西部为横切物源,东南部位顺切物源。该条剖面整体砂体较为发育,由百一段向百三段单砂体逐渐减薄(图 6.27)。

由于该剖面为斜切物源的剖面,剖面前半段夏 81 井—夏 72 井为扇体的侧翼,玛 7 井—玛 19 井位扇体中轴位置。夏 81 井—夏 72 井百一段和百二段时期为扇三角洲前缘内带,以水下分流河道和河口坝为主;百三段为扇三角洲前缘外带,以水下分流河道和水下分流间湾为主。玛 7 井—玛 19 井主要以扇三角洲平原亚相为主,发育碎屑水道与辫状水道;百三段时期,发育水下分流河道,过渡为扇三角洲前缘亚相(图 6.28)。

8. 剖面⑧

该连井剖面为夏子街扇顺物源剖面,剖面方向为南西,从北向南依次经过夏 13 井、夏 92 井、夏 91 井、夏 72 井、玛 152 井、玛 002 井、玛 2 井、玛 001 井、玛 009 井、玛 101 井、玛 6 井。从连井砂体对比剖面来看,百一段和百二段砂体较为发育,百三段发育较差,多为河口坝砂体。该剖面砂体连通性不好,多为厚度较大的单砂体成孤立状,反映了岩性横向变化较快(图 6.29)。

该剖面为顺物源的大剖面,由北向南沉积相带为连续的过渡,夏 13 井-玛 6 井为扇三角洲平原亚相过渡为前扇三角洲相,夏 13 井—夏 72 井主要为扇三角洲平原亚相,发育碎屑水道和辫状水道。玛 152 井为过渡井,其百一段和百二段都为平原亚相,百三段过渡为扇三角洲前缘亚相。玛 002 井—玛 6 井,百一段和百二段为扇三角洲前缘内带,以辫状分支河道、水下分流河道、辫流坝为主;百三段为扇三角洲前缘外带(图 6.30)。

9. 剖面⑨

该连井剖面连接玛南克拉玛依扇、玛西黄羊泉扇及玛北夏盐扇,其间横切黄羊泉扇与顺切夏子街扇,方向大致为北东向,依次经过克 89 井、百 6 井、百 64 井、百 12 井、百 75 井、艾克 1 井、玛 16 井、玛 131 井、玛 13 井、玛 15 井、夏 94 井、夏 93 井、夏 201 井、夏 89 井、夏 74 井。连井砂体对比剖面整体可分为三个部分:克 89 井、百 6 井—百 75 井,玛 16 井—

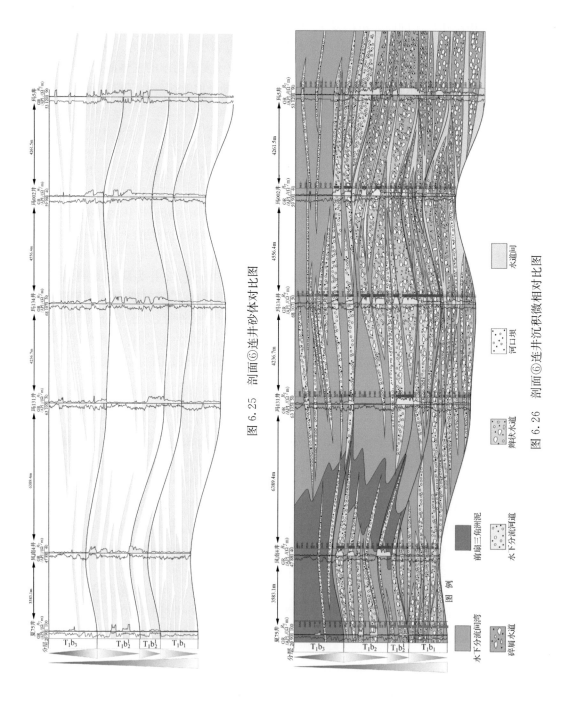

图 6.25　剖面⑥连井砂体对比图

图 6.26　剖面⑥连井沉积微相对比图

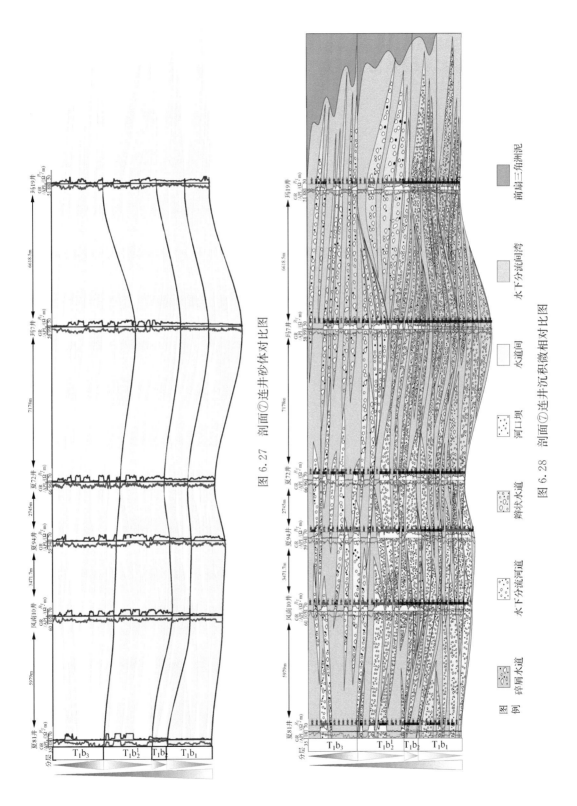

图 6.27　剖面⑦连井砂体对比图

图 6.28　剖面⑦连井沉积微相对比图

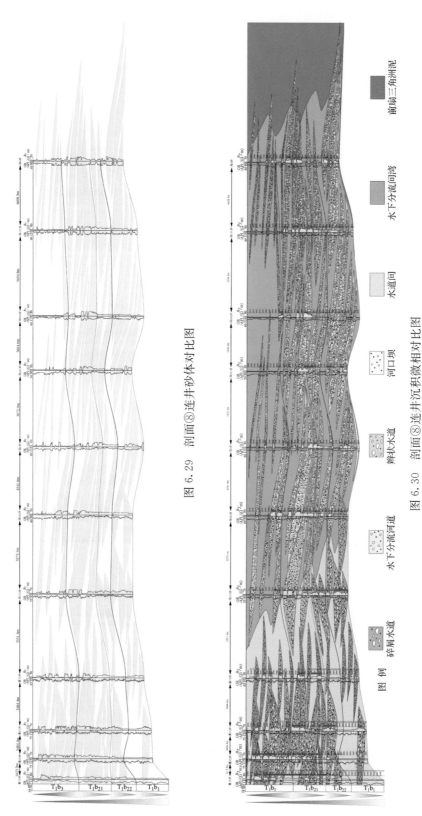

图 6.29 剖面⑧连井砂体对比图

图 6.30 剖面⑧连井沉积微相对比图

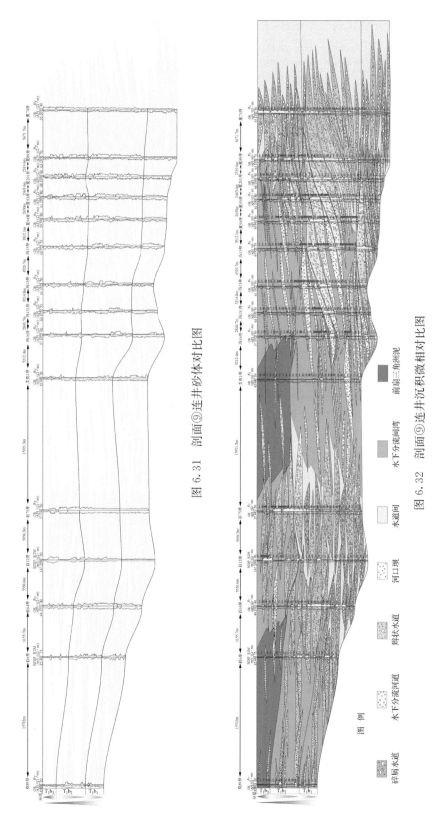

图 6.31　剖面⑨连井砂体对比图

图 6.32　剖面⑨连井沉积微相对比图

夏 74 井。它们分别代表三个扇体,百 6 井—百 75 井为横切物源剖面,砂体发育较好,但连通性较差,多个单个砂体相互叠置;玛 16 井—夏 74 井为夏子街扇的逆物源方向,砂体不仅发育好而且连通较好,小层内砂体进积。砂体主要发育在百一段和百二段,百三段砂体较少(图 6.31)。

从沉积微相连井对比剖面来看,克 89 井为克拉玛依扇边界,百一段和百二段为扇三角洲前缘外带,以水下分流河道和水下分流间湾为主;百三段为前扇三角洲,发育前扇三角洲泥。百 6 井—百 75 井剖面为横切黄羊泉扇,百一段和百二段为扇三角洲平原亚相,发育碎屑水道、辫状水道以及辫流坝。百三段为扇三角洲前缘内带,以辫状分支水道为主;玛 16 井—夏 74 井由扇三角洲前缘向扇三角洲平原亚相过渡,由水下分流河道向辫状水道和碎屑水道变化,泥岩颜色由褐色向灰绿色过渡。艾湖 1 井百一段和百二段发育扇三角洲前缘亚相,水下分流河道发育,百三段为前扇三角洲亚相(图 6.32)。

6.4　地震相识别

6.4.1　地震相划分

在本书中采用了基于神经网络的波形分类技术划分了百二段和百三段的地震相。地震波形是地震数据的基本性质,它包含了地震所有的相关信息,如反射模式,相位、频率、振幅等信息。它代表产生其反射的沉积物的一定的岩性组合、层理和沉积特征,因此地震相是沉积相在地震剖面上的反映,基于波形分类的神经网络地震相技术,对振幅绝对值的变化和噪声不敏感,因而能更好地反映储层的沉积变化规律。地震相平面图可以更直观、更方便地对地震反射特征进行刻画。

在地质分层曲线约束下的对微相的划分,可以研究其与沉积相的关系及与岩石物性的关系,从一个新的角度去进行储层预测和油藏描述,突破了只能进行剖面解释的常规的地震解释模式。地震相自动划分技术的应用,使地震相划分更具有客观性。

本书通过对工区内多口井的分层和测井曲线分析后,在百二段和百三段选取了合适的层段。从多井分析和沉积特征来看,百二段油藏油层主要分布在百二段一砂组。百二段上部一砂组岩性以灰绿色砂砾岩为主,夹棕灰色泥岩,为该区主要储层段,电性特征表现为高阻指状,为水下沉积环境,储层分布相对稳定;百二段下部百二段二砂组岩性主要为褐色砂砾岩,岩性较致密,物性差,电性特征为中阻块状,为水上沉积环境,非储层。因此,在百二段储层划分中,选取了百二段一砂组层段作为目的层段,估算目的层内波形的横向变化,利用神经网络算法对地震波形进行分类。在分类过程中,对波形分类数进行了质量监控,将百二段一砂组地震相分为了 11 类(图 6.33、图 6.34)。

百二段的沉积环境为扇三角洲沉积环境,主要发育的有平原相、三角洲前缘相及滨浅湖相,从图中可以看出;不同的沉积单元对应了不同的地震相。

通过百二段地震相和单井相的精细标定的后,地震相大体上分为三类:5～11 类(绿色-红色)为扇三角洲的前缘相,在剖面上地震相为中—弱变振幅、连续亚平行反射楔状-席状地震相;3～4 类(蓝色)为滨浅湖相,在剖面上表现为弱反射、较连续亚平行反射席状

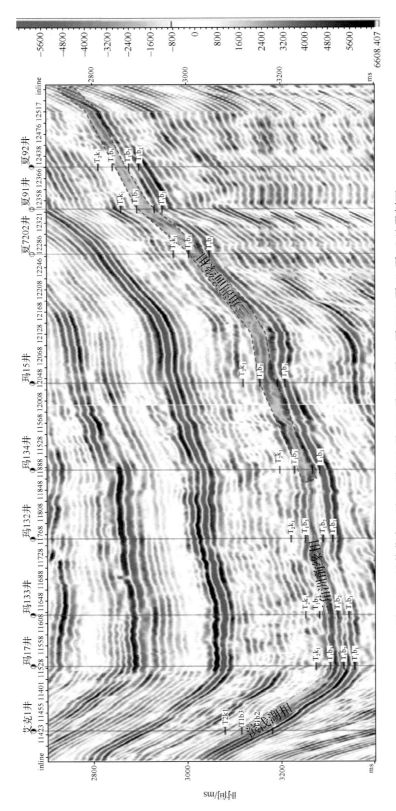

图 6.33 过井艾克 1-玛 17-玛 133-玛 132-玛 134-玛 15-夏 7202-夏 91-夏 92 地震剖面

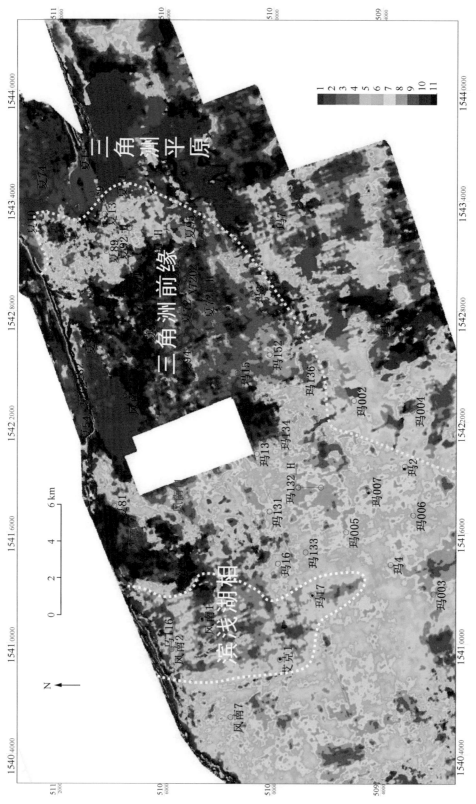

图 6.34 玛北斜坡区三叠系百口泉组二段地震相图

相;1~2 类(蓝色-紫色)为三角洲平原相,在剖面上表现为中-弱变振幅、断续-低连续充填-板状地震相。扇三角洲前缘相是工区内的主要沉积相带,也是油气聚集的主要储集带。

从地震相平面图上看,在工区东北方向上由 3~4 个三角洲前缘复合体叠合而成,各朵叶体之间相互叠置。也导致了不同朵叶体含油气特征、物性特征的不同。在工区的北中部发育了另外一个朵叶体,即风南 4 前缘三角洲扇体。同时在玛 131 井区主要发育了三角洲前缘扇体。不同颜色三角洲前缘地震相,反映了不同期次扇体的分布特征。

地震相平面图不仅反映了不同的沉积相单元,也较好地刻画扇三角洲前缘相的微相特征。尤其是北东部的几个朵叶体,从形态上可以大致分为扇根、扇中和扇端。在扇根部分可以看到注入的主河道,为第 11 类地震相(深红色),近物源,物性较差,产能较低,如夏 9 井。扇中是第 10 类和 9 类相(红色),物性中等,储层较厚,产能中等,如夏 93 井。扇端则为 6~8 类,砂岩粒度相对变细,物性较好,产能较高,如玛 15 和玛 134 井。综合分析认为,地震相反映的不同相带刻画了有利砂体的分布范围,扇三角洲前缘的分布范围也就是有利砂体的分布范围。地震相所反映的沉积微相和储层的物性、产能有着密切的关系,扇端是一个相对优质的储层,扇中的储集性能较好,而扇根的储层则相对较差。

为了对不同期次的三角洲前缘相优势储层进行精细刻画。根据百二段一砂组的沉积特点和地质分层,将百二段一砂组进一步分为上、下两段,分别划分了地震相,将其划分为 9 类。百二段一砂组下段的地震相分布特征:有利储层带三角洲前缘相主要分布在 2~7 类地震相范围内,玛 131 井区位于扇三角洲前缘相的扇端,为 6~7 类地震相,为百二段一砂组下段重要的油气藏;玛 15 井区位于扇三角洲前缘相的扇中,为 4~5 类地震相;夏 72 井区位于扇三角洲前缘相的根部,为 3~4 类地震相;三角洲平原相为 1~2 类;8~9 类(蓝色)为滨浅湖相(图 6.35)。

百二段一砂组上段的地震相反映的扇三角洲沉积特征更为清楚,扇三角洲前缘相分布为 5~9 类地震相。从图中可以看出,物源主要由工区的东北方向进入,发育有 4 个朵叶状扇体。在扇三角洲前缘亚相中可以识别出水下主河道、扇根、扇中、扇端和扇间沉积。玛 15 井区位于扇三角洲前缘亚相的扇端,玛 131 井区在百二段一砂组下段为滨浅湖亚相。地震相所反映的沉积特征和井完全吻合。后续新钻井夏 95 井和风南 10 井位于蓝色区域,为三角洲平原亚相带,其储层质量较差。而新钻井夏 721-H 在地震相图中可以看出其井位位于扇间,属于分流间湾沉积,其岩性为含砾泥质粉砂和粉砂质泥岩为主。通过新钻井进一步证实了地震相具有较高的准确性(图 6.36)。

在百三段储层岩性逐渐变细,砂地比降低,泥岩隔层厚度增大。地震相的表现特征为储层有利相带扇三角洲前缘亚相范围在减小,主要发育有夏 89 和夏 93 两个朵叶体,试油出油井主要分布在东北方向的夏 89 朵叶体上。从波形分类地震相来看,玛北斜坡区三叠系百口泉组沉积演化特征整体为退积沉积,扇三角洲前缘油气聚集有利储层带从西南至东北方向迁移,玛 131 井区含油层位为百二段一砂组下段,玛 15 井区含油层位为百二段一砂组,夏 72 井区含油层为百二段一砂组、百三段(图 6.37)。

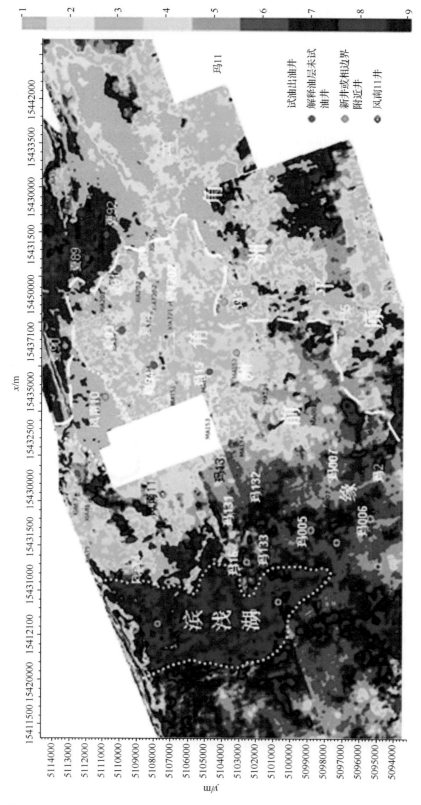

图 6.35 玛北斜坡区三叠系百口泉组二段一段一砂组下段地震相图

图 6.36 玛北斜坡区三叠系百口泉组二段一砂组上部地震相图

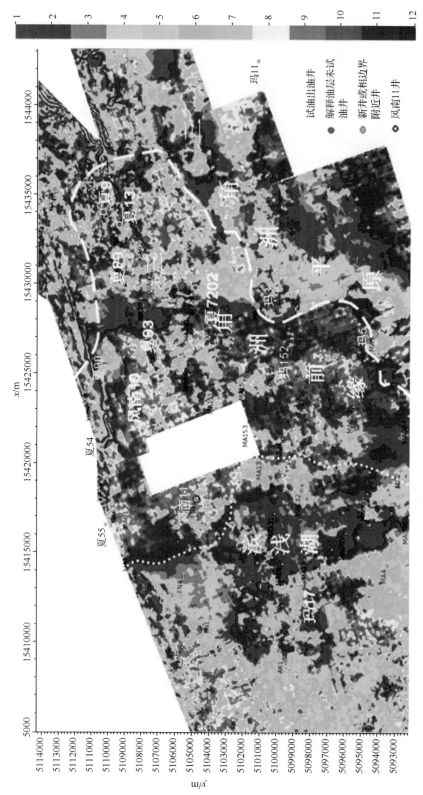

图 6.37 玛北斜坡区三叠系百口泉组三段地震相图

6.4.2　多属性分析

地震数据携带了大量的储层地质信息,地震属性的储层预测已经成为认识和预测油气藏的重要手段。同一工区的不同储层对所预测对象敏感的地震属性也不同,各种地震属性分析技术在应用时都有一定的适用条件,所以属性预测会产生多解性。为了减少多解性,提高储层的预测精度,多属性综合分析已成为必然。多属性分析是通过不同种类地震属性的提取和分析,并结合钻井、试油成果,寻找和筛选敏感参数,然后进行属性参数优化组合,综合分析进行储层预测。

在本书的储层预测研究中,共提取相对阻抗、分频振幅、分频信号包络、瞬时频率、瞬时相位、Q 因子等十几种属性进行分析研究,从中优选出相对阻抗属性,它能够较好地反映有利储层的沉积演化特征和分布范围(图 6.38~图 6.41)。

以上的几种属性都反映了本区扇三角洲的沉积特点,对三角洲前缘相的分布及有利储层的分布范围有较好的展示,但相比较而言,相对阻抗刻画的储层分布范围更为清晰,因而优选相对阻抗作为储层预测的敏感属性。

通过道积分得到相对阻抗,通过井上的精确标定,它所对应的是岩性体界面,更易于与储层几何形态对比,薄层干涉效应更弱,与地层无关的振幅失真更轻微,因此其解释性更强。

从井上标定的结果来看,红色代表了砂砾岩较发育的区域,而黑色代表了砂泥岩较为发育的区域。例如,在玛 132 井的百二段一砂组其上部为泥岩和泥质粉砂岩,而百二段一砂组的下部为砂砾岩。灰色和黄色区域为反射较弱的区域,其沉积一般为厚层状的砂砾岩,如夏 89 井(图 6.42)。

应用相对阻抗属性不仅可以对岩性特征、砂体的分布范围及沉积环境进行描述,而且可以通过相对波阻抗地层等比例切片(等时地层切片)来描述目标层段扇三角洲扇体沉积演化过程、分布形态及扇体间的叠置关系。

等时地层切片是地震沉积学的一个关键技术手段,它比传统的时间切片和沿层切片更加合理并且更加接近于沉积的等时界面。等时地层切片是以解释的两个等时沉积界面为顶底,在地层的顶底界面按照厚度来提取一系列的地震属性切片。从原始三维地震体的每个层面提取的地震属性,形成了一个属性地层切片体。在地层切片体上,该地震属性体制作的所有地层切片代表了地层时间模型中来自相应的相对时间面的地震相应,此时的切片代表的就是等时沉积的地层切片。这样,不但可以在平面上、剖面上研究沉积体的岩性特征,而且可以在地质沉积的时间上来研究储层的沉积特征。等时地层切片它提供储层预测的一个全新的三维方法。

在本书研究过程中,应用百三段的底和百二段的底作为等时地层切片的顶底,提取了20 张相对阻抗的等时地层切片,选取了其中在地层沉积时间上均匀分布的 6 张属性切片进行了分析(图 6.43)。

以上地层切片的地质时间是由老到新,图 6.43(a)反映了百二段早期的一个沉积特征:物性相对较好的有利储层带即三角洲前缘扇端主要发育工区的中部即在玛 131 井区范围内;图 6.43(b)刻画了百二段末期的扇三角洲前缘的分布范围和沉积特征,可以明显

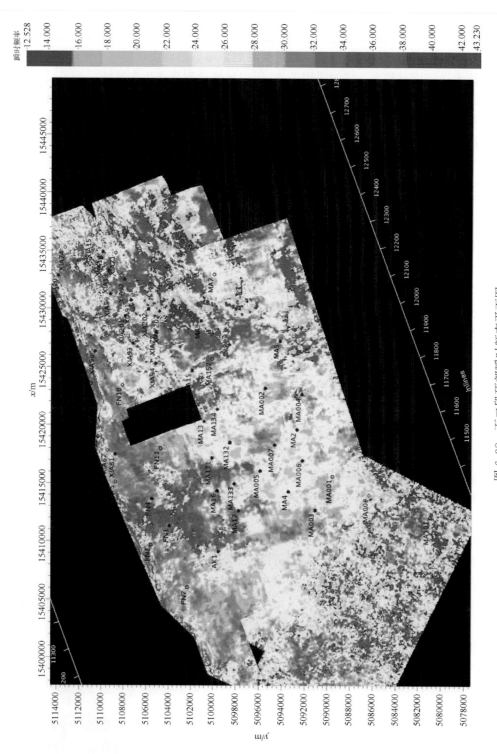

图 6.38　百二段顶部瞬时频率平面图

井名符号说明：MA. 玛；FN. 凤南；XIA. 夏；余同

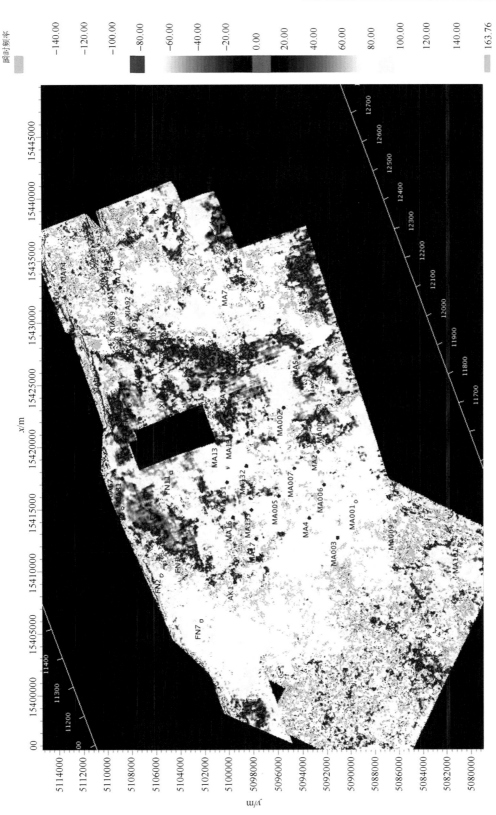

图 6.39 百二段顶部瞬时频率平面图

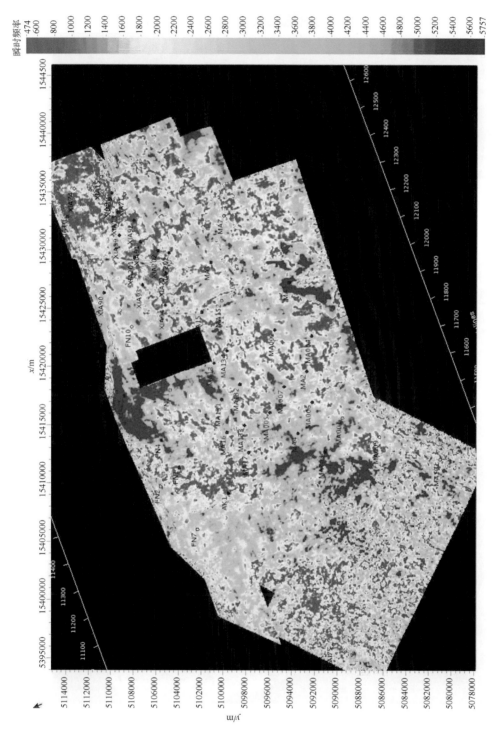

图6.40 百二段顶部瞬时频率平面图

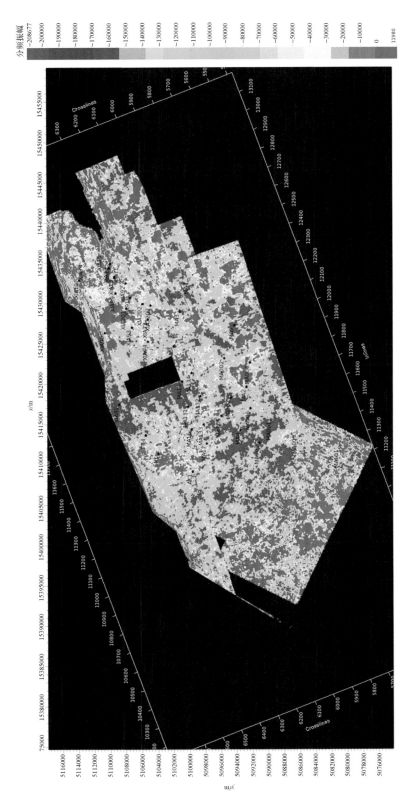

图 6.41　百二段顶部 30HZ 分频振幅平面图

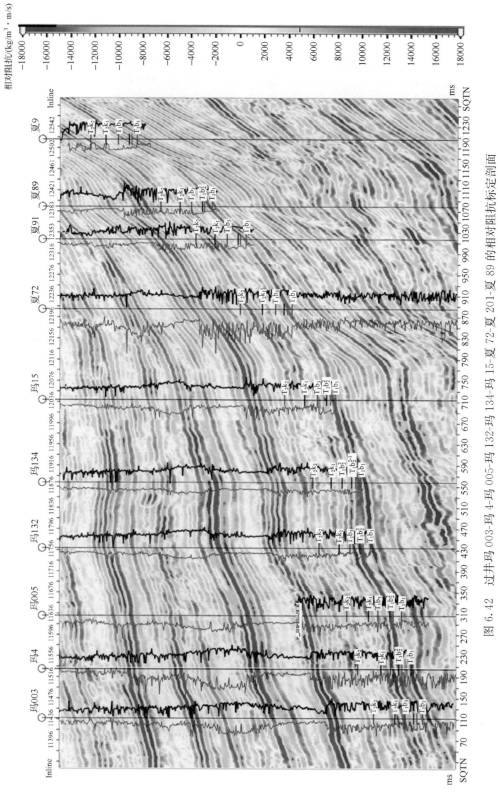

图 6.42　过井玛 003-玛 4-玛 005-玛 132-玛 134-玛 15-夏 72-夏 201-夏 89 的相对阻抗标定剖面

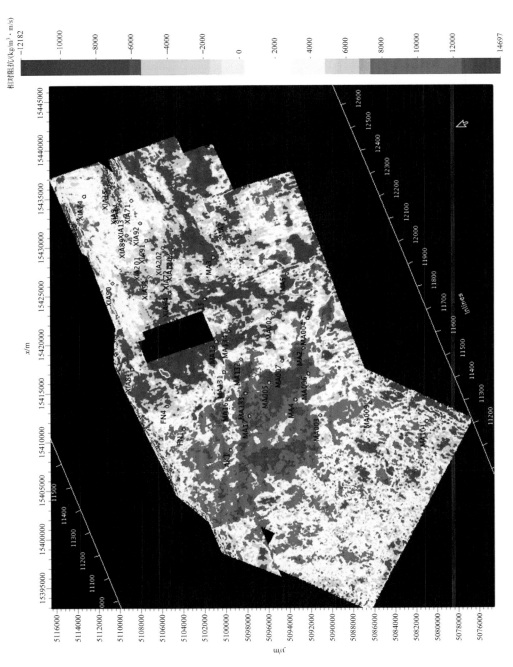

（a）36ms 相对阻抗沿层切片

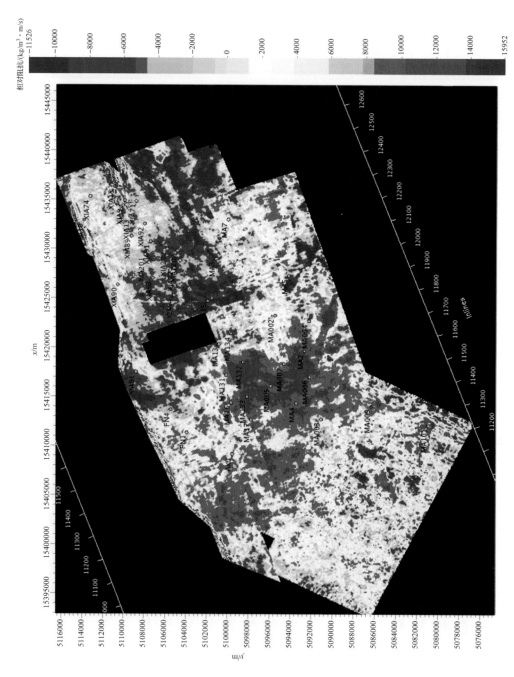

（b）32ms 相对阻抗沿层切片

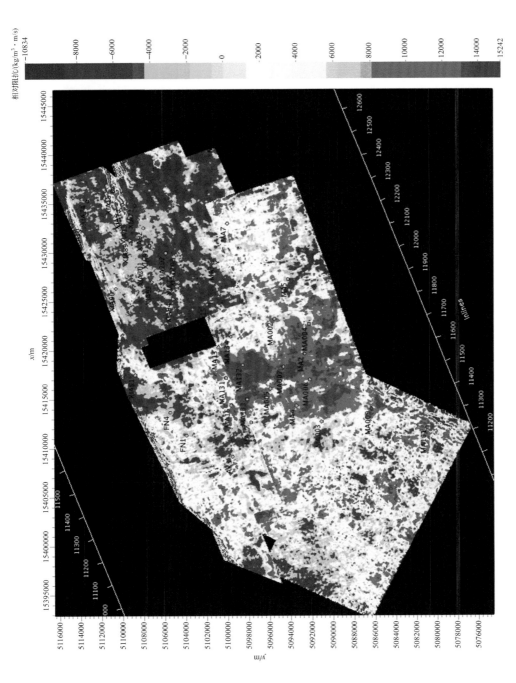

(c) 28ms 相对阻抗沿层切片

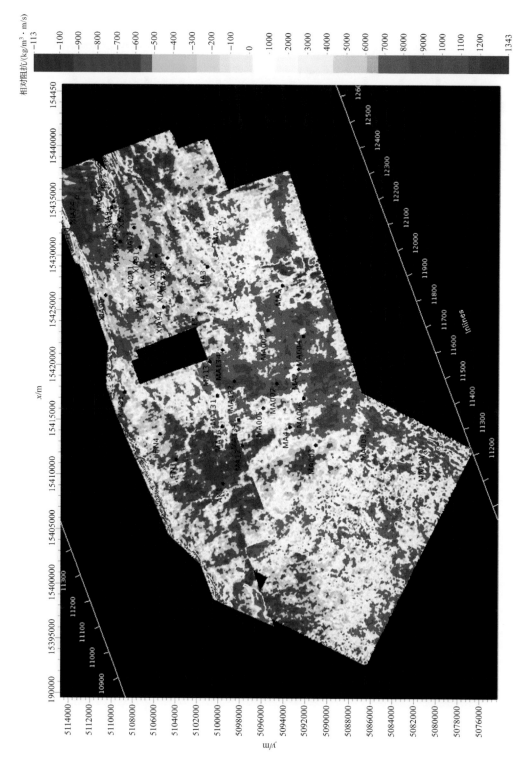

(d) 24ms 相对阻抗沿层切片

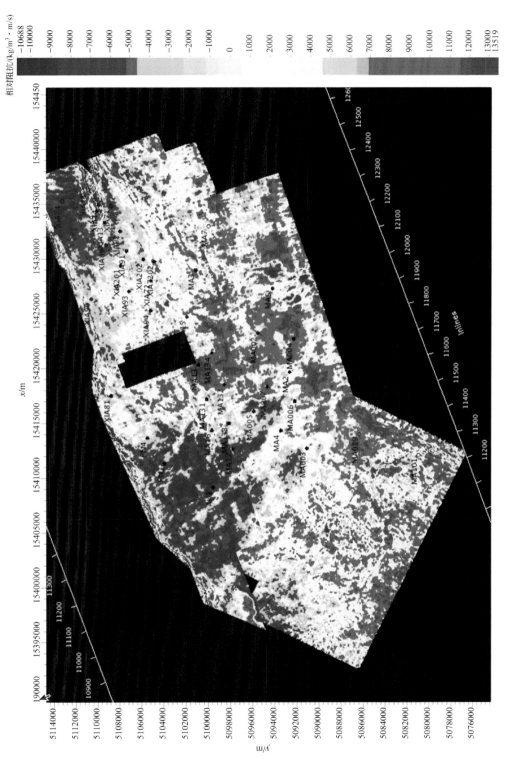

(e) 20ms 相对阻抗沿层切片

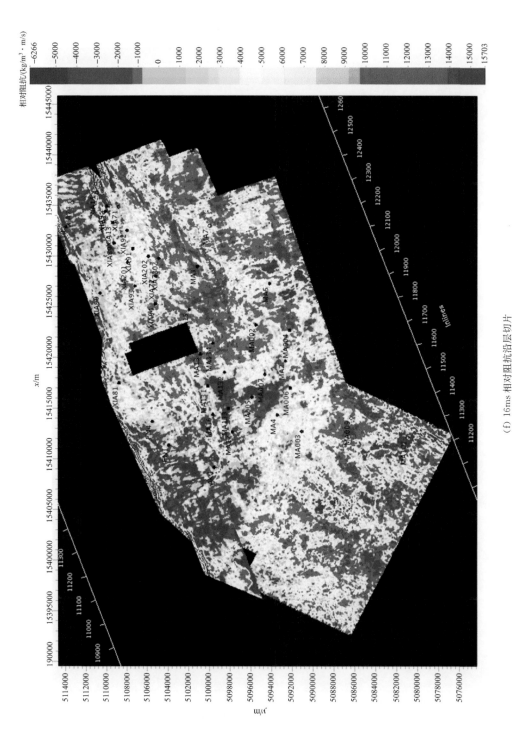

（f）16ms相对阻抗地质时间切片（相对阻抗属性）

图6.43 百二段不同相对地质时间切片（相对阻抗属性）

看到在工区的东北部有明显 3～4 朵叶发育,并且扇体之间的砂体相互叠置,对井试油数据分析,发现不同朵叶体含油气特征也不同,在这个地质沉积时期,最有利的储层沉积带(扇三角洲前缘的扇端)是玛 15 井—玛 134 井区,也是试油产能较大的井区,而在玛 131 井区已经变为泥岩沉积。

通过井的精确标定,结合地质情况,研究工区在百二段主要储集层主要分为两期,第一期为百二段的中期的扇三角洲前缘沉积,第二期为百二段末期的扇三角洲前缘沉积。百二段末期的扇三角洲前缘沉积较为清晰地刻画出三角洲前缘的沉积微相,可以较为清楚地看到扇根、扇中、扇端的展布和沉积特征。

从沉积的演化角度来看,扇三角洲沉积由西南向东北方向逐渐迁移,总的来说是一个湖侵的过程。

在本书关于地震相的研究中,采用了基于神经网络的波形分类技术划分百二段地震相。基于波形分类的神经网络地震相技术,对振幅绝对值的变化和噪音不敏感,因而能更好地反映储层的沉积变化规律。

通过对工区内多口井的分层和测井曲线分析后,在百二段选取了合适的层段,估算目的层内波形的横向变化,利用神经网络算法对地震波形进行分类。

在分类过程中,对波形分类数进行了质量监控,将百二段地震相分为了 11 类(图 6.44)。结合百二段的沉积环境为扇三角洲沉积环境,通过地震相和单井相的精细标定,地震相大体上分为三大类:5～11 类(绿色-红色)为扇三角洲前缘亚相,在剖面上地震相为中变振幅、连续亚平行反射楔状—席状地震相;3～4 类(蓝色)为滨浅湖相,在剖面上表现为弱反射、较连续亚平行反射席状相;1～2 类(蓝色-紫色)为扇三角洲平原亚相,在剖面上表现为中-弱变振幅、断续-低连续充填-板状地震相。扇三角洲前缘亚相是工区内的主要沉积相带,也是油气聚集的主要储集带。

从地震相平面图上看,夏子街扇体由 3～4 个扇三角洲前缘复合体叠合片而成,各朵叶体之间相互叠置,从而导致了不同朵叶体含油气特征、物性特征也不一样。

6.5　储层反演

6.5.1　叠后稀疏脉冲反演

1. 合成记录的标定

合成记录是联系地震资料、井间地震资料和测井曲线的桥梁,在反演中起着重要的作用,标定的结果将影响低频模型和反射系数的对应关系,最终影响波阻抗的反演结果。地质统计学反演对井震标定要求更高,在目的层的合成记录相关性达到 0.85 以上。在此次反演过程中做了 44 口井的合成记录,通过不断调整时窗来提取合适的子波,井震匹配结果较好,尤其在目的层段,大部分井的相关系数达到了 0.9 左右,基本满足了地质统计学反演的要求(图 6.45)。

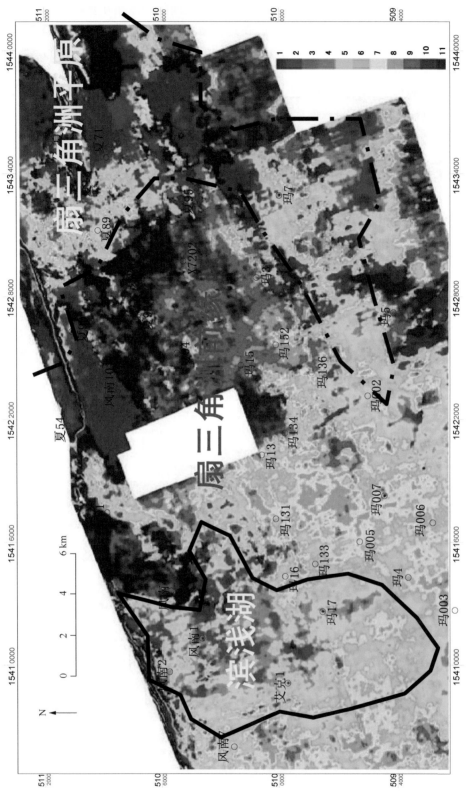

图 6.44　玛北斜坡区百二段地震相平面图

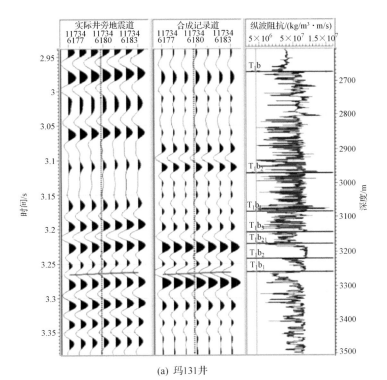

(a) 玛131井

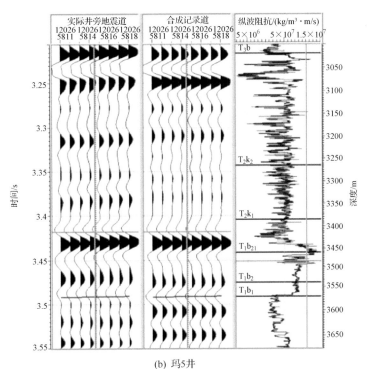

(b) 玛5井

图 6.45 合成记录

2. 子波的提取

在合成记录标定的过程中,首先应用里克子波对每口井进行标定,然后再估算子波的振幅谱和相位谱。通过工区多口井的混合相位子波来求取一个综合子波。

蓝色的子波为求得的综合子波,子波长度为120ms,波形稳定,单频带且峰顶平滑,有效频带内相位稳定,是保证反演结果准确性的一个重要的参数(图6.46)。

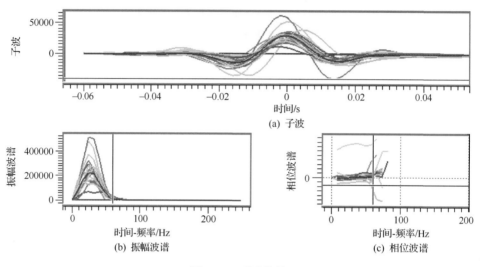

(a) 子波

(b) 振幅波谱   (c) 相位波谱

图6.46 子波估算

3. 地质模型的构建

建立地质模型时,用三维地震资料解释的层位为约束,以测井资料和钻井数据为基础,建立起能反映沉积体地质特征的低频初始模型。也就是在层位标定的基础上,利用三维解释成果,综合沉积模式、地层接触关系及钻井和测井资料来完成地质模型的建立。这个初始模型把地质知识、层位和断层及岩性信息反馈到反演的结果中。从而使反演的结果既忠实于测井数据,又反映了地震的信息。地质统计学是最好的定量综合不同类型数据的方法,它既充分考虑了地震、地质及测井信息,又能考虑其空间的相互关系,是综合地震、地质、测井信息的有力工具。

在本书构建地质模型的过程中,应用层位 T_2k_1(百泉口组顶)、T_1b_3(百三段底)、T_1b_2(百二段中、底)、T_1b_1(百口泉组底)来建立地质模型,为地质统计学做准备,目的是消除子波的旁瓣效应,在模型上下各增加了一个层段,大约为80ms,大于反演子波的一半。在构建的地质模型中,微层采样间隔为2ms,与所要区分的薄层厚度所匹配。并且对层位进行了平滑,确保得到一个优化的地质模型。

4. 叠后稀疏脉冲反演结果

在地质统计学反演前,完成了一个高质量的叠后反演,反演的结果如图 6.47 所示。

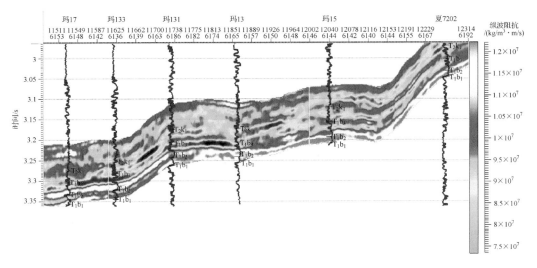

图 6.47 过井玛 17-玛 133-玛 131-玛 13-玛 15-夏 7202 的波阻抗反演剖面

提取了百二段的平均波阻抗平面图、百二段一砂组下段平均阻抗平面图、百二段一砂组上段的平均阻抗平面图以及百三段的平均阻抗平面图(图 6.48～图 6.51)。从反演的结果来看,井的波阻抗与反演的波阻抗剖面标定相吻合:反演的波阻抗能够有效的识别砂泥岩,在百二段到百三段,泥岩沉积的面积向东北方向逐渐扩大,由初期为艾克 1 井-风南 2 井区的滨浅湖泥岩沉积,到百三段,泥岩沉积扩展到玛 134 井-玛 15 井区,和本工区的沉积演化特征相匹配。同时,反演结果砂体空间形态与地震波形吻合好。但由于受地震分辨率和反演算法的制约,反演的分辨率较低。波阻抗可以有效地区分岩性,但对于有效储层,尤其是"甜点",却无法预测。

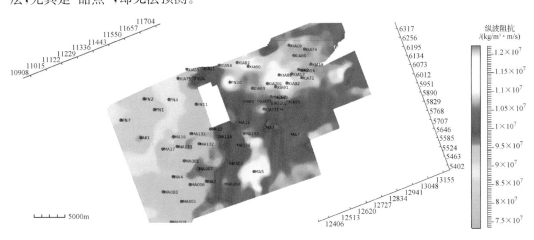

图 6.48 百二段平均阻抗平面图

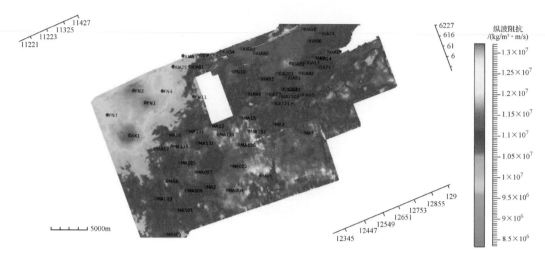

图 6.49　百二段一砂组下段平均阻抗平面图

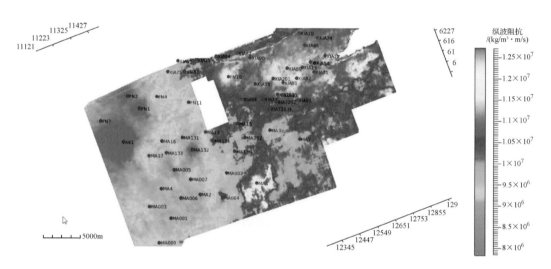

图 6.50　百二段一砂组上段平均阻抗平面图

6.5.2　地质统计学反演

地震反演是储层预测的一个重要技术手段,常规的叠后反演由于受到地震资料有限频带带宽的限制及反演方法本身的限制,对储层的预测精度较低,其结果不能够很好刻画有利储层和油气藏,而且也很难进一步反演得到除波阻抗外的其他储层属性体如电阻率、孔隙度和饱和度等。因而,常规的叠后反演无法满足储层的精细刻画和油藏描述。

1. 地质统计学原理

基于地质统计学的协模拟反演方法是将随机建模技术与常规地震反演相结合,在地质统计学波阻抗反演的基础上,利用协模拟方法对研究区的储层特征参数如电阻率、孔隙度等进行反演,从而可以更加精确地描述储层的变化规律。

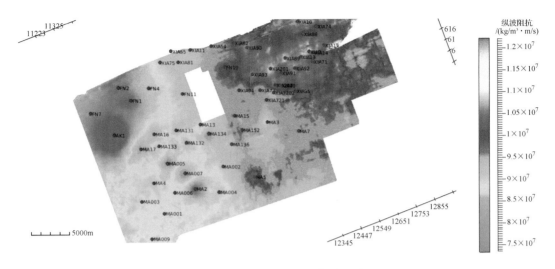

图 6.51　百三段平均阻抗平面图

2. 研究思路和方法

首先对地震的资料品质进行分析,地震资料的有效频带为 $15 \sim 40\mathrm{Hz}$,主频在 $30\mathrm{Hz}$ 左右(图 6.52)。

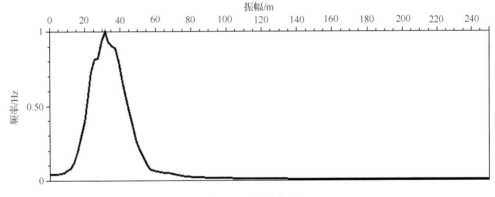

图 6.52　频谱分析

按 $\lambda/4$ 来算(目的层速度取 $4200\mathrm{m/s}$),其地震纵向分辨率为 $35\mathrm{m}$ 左右。工区内一些有效单砂体厚度在 $10 \sim 20\mathrm{m}$。因此,采用常规的声阻抗反演不能有效地描述三角洲前缘砂砾岩之间的叠置关系和有利储层的展布特征;对工区 40 多口井的测井曲线解释成果和试油情况分析,波阻抗曲线可以识别岩性,但对油气的识别不敏感,而电阻率曲线对岩性和油气识别较为敏感。因而在反演过程中采用了地质统计学反演得到了高分辨率的波阻抗数据体,在此基础上又采用地质统计学的协模拟得到了反演的电阻率数据体。

地质统计学反演方法将随机建模技术与常规地震反演相结合,有效地综合地质、测井和三维地震数据,可以更加精确地描述储层的变化。在地质统计学反演前,首先应用稀疏脉冲做一个波阻抗的反演,提取目的层的平面属性,以此来了解储层的大致展布情况,为水平变差函数的调试提供一个有效的依据。并在反演过程中求取一个合理的子波。地质统计学反演从井点出发,井间以原始地震作为约束数据,通过随机模拟算法产生井间波阻抗,然后将波阻抗转换成反射系数,并用确定性反演方法求得的子波褶积产生地震道,通过反复迭代直至合成地震道与原始地震数据达到一定程度的匹配,反演结果是多个等概率的波阻抗数据体的实现。反演结果不仅符合井数据的地质统计学特征并受地质模型的约束,而且它综合了测井的垂向分辨率高和地震的横向预测精度高的优势。对于在反演过程中的多个等概率岩性实现和储层参数的实现,可以用于进行不确定性评价。

3. 关键的技术和流程

1) 岩石物理学参数分析

在地质统计学反演之前,对工区 44 口井的弹性属性参数进行全面分析。综合研究地质资料、测井解释成果、试油数据后,认为电阻率和孔隙度是划分储层类别的两个关键因素,在此基础上做了两个交会:波阻抗曲线和电阻率曲线的交会和电阻率曲线与有效孔隙度的交会(图 6.53)。

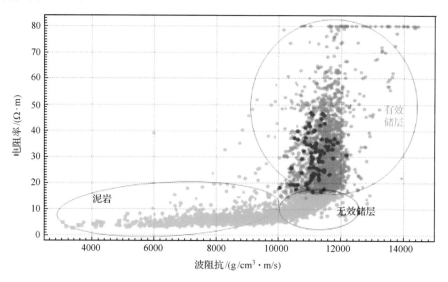

图 6.53　波阻抗曲线和电阻率曲线的交会图

在电阻率和波阻抗的交会图上可以发现,电阻率和波阻抗有着非线性的正相关关系:随着波阻抗的增大电阻率也增加,但当波阻抗为 $10000 \sim 12000 \mathrm{g/cm^3 \cdot m/s}$ 时,电阻率的增加和波阻抗的相关性变小。通过电阻率和波阻抗交会、测井解释成果和录井资料综合研究,波阻抗小于 $10000 \mathrm{g/cm^3 \cdot m/s}$ 为泥岩,波阻抗大于 $10000 \mathrm{g/cm^3 \cdot m/s}$ 定义为砂岩,波阻抗大于 $10000 \mathrm{g/cm^3 \cdot m/s}$ 且电阻率大于 $16\Omega \cdot m$ 的为有效储层。

在工区内有用核磁共振测井技术测得了有效孔隙度的井有 9 口,用这 9 口井做了孔隙度和电阻率的交会图。从图中可以看出:当电阻率在 $30 \sim 40\Omega \cdot m$ 时,孔隙度较大。电阻率在 $20 \sim 30\Omega \cdot m$ 时,孔隙度其次。当电阻率大于 $40\Omega \cdot m$ 时,随电阻率增大,孔隙度在减小。对地质、测井、试油、产能的综合研究后，将电阻率大于 16Ω·m、孔隙度大于 7%的储层作为了有效储层的门栏值(图 6.54)。

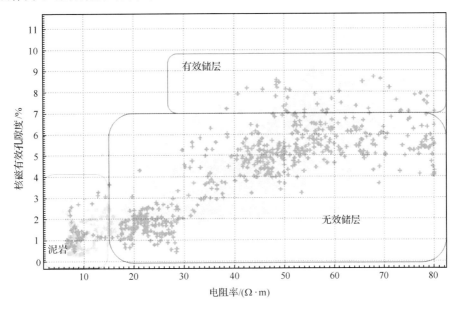

图 6.54 电阻率曲线与有效孔隙度的交会

综合弹性参数分析的结果，来构建岩性曲线。由于工区内测核磁有效孔隙度的井较少，因此，在构建岩性曲线时，主要采用了波阻抗和电阻率曲线两个参数。结合交会图分析的弹性参数与储层参数的截止值，波阻抗大于 $10000g/cm^3·m/s$、同时满足电阻率大于 16Ω·m 定义为有效储层，作为一类岩性(定义为砂岩)，将其他岩性(泥岩和无效储层)作为另一类岩性(定义为泥岩)。在反演软件中，编写逻辑语言对全工区的井目的层段，定义其相应的岩性曲线。将测井曲线重新采样，采样的间隔和地层框架中微层采样的间隔一致，为 2ms 采样。

2) 地质统计学参数分析及随机模拟

地质统计学是指对目的层段所要模拟的属性进行概率分布进行统计。主要有三个参数:①概率密度函数(PDF)，它描述了某一属性在空间的概率分布情况;②变差函数，它描述了某个属性在空间的展布特征随距离的变化，是距离的函数;③云变化，它是在协模拟阶段时应用的一个参数。现在主要对前两个参数进行分析。首先是建立属性的概率密度函数，其次进行空间变差函数分析以确定空间上的结构关系。在地层研究的最小单元内针对不同层段、不同岩性或沉积微相及各种岩性内的属性值进行统计分析，得到具有地质意义的不同层段不同岩性的变差函数及其模拟属性的变差函数。

在本书中，对地质模型中的目的层段百口泉组三段(T_1b_3)、二段($T_1b_2^1$、$T_1b_2^2$)的岩性(离散属性)、波阻抗和电阻率属性(连续属性)的概率密度函数和变差函数进行了分析，序列指示模拟(SIS)和序列高斯模拟(SGS)同时进行。对非目的层段，只对波阻抗和电阻率的概率密度函数和变差函数进行分析。首先，应用直方图确定目的层段各小层的岩性比例，生成岩性概率模型，作为随机指示模拟的趋势约束。对不同岩性波阻抗和电阻率的分布范围用对数高斯正态分布的方式进行编辑,重要参数为平均值与标准偏差,尽量涵盖不同岩性波阻抗和电阻率的分布范围(图 6.55)。

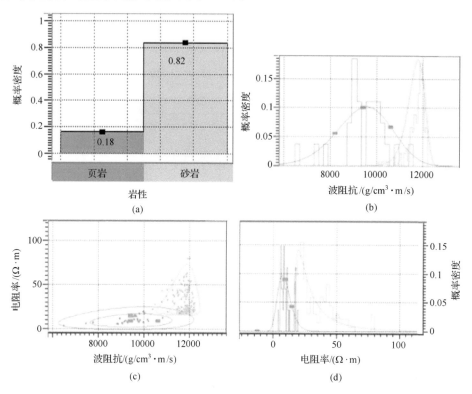

图 6.55 百二段上部岩性、波阻抗、电阻率的概率密度函数

完成各个小层概率密度函数(PDF)的编辑后,再进行变差函数的分析,变差函数是通过建立统计关系函数来描述空间数据场中数据的相互关系。储层预测的重点是井间的储层变化,储层空间的各向异性用变差函数表示。变差函数有三个特征值:基台值、变程和块金值。这三个特征值可以由实验变差函数通过理论模型拟合得到。其中,最重要的参数是变程,变程的大小不仅能反映某一区域在某一方向上变化的大小,而且还能从总体上反映出砂体在某一方向延伸的尺度,达到预测砂体规模的目的。随机模拟和随机反演都要用到变差函数来控制井间砂体的展布,其效果不同的是随机反演应用了井间地震的约束。变差函数是随机模拟和随机反演的核心。对工区各个层段的变差函数进行了编辑,在垂向上,应用井的相应曲线在层段间的样本点值进行拟合,通过分析,认为指数型的变差函数更适合样本点拟合的趋势,使得曲线形态大致能反映样本点的分布形态。在进行横向变差函数时,依据叠后稀疏脉冲反演的结果进行岩性的地质规模和分布等分析,得到横向变差函数的变程(图 6.56)。

在调试好概率密度函数和变差函数后,进行地质统计学模拟即随机模拟。随机模拟通过建立储层属性的概率模型,再施行抽样过程,抽取各自相互独立的等概率的来自模型各个部分的联合实现。本次模拟采取的方法为马尔科夫链-蒙特卡罗算法(MCMC),它可以从一个复杂的概率分布获得一个统计上正确的随机样本。它是以这个概率模型为基

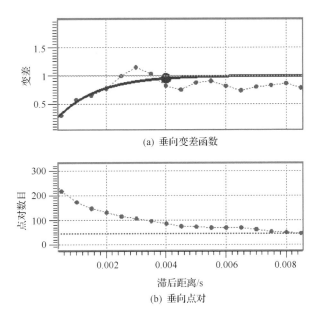

(a) 垂向变差函数

(b) 垂向点对

图 6.56　百口泉组二段砂岩变差函数分析

础,按照这个模型所描绘的过程,进行数字试验,当所求的解是某种事件出现的概率或某个随机变量的期望值时,通过这种模拟试验得到这种事件出现的概率或平均值,作为所求问题的近似解。模拟的过程是确定地质统计学参数是否合理。在模拟结果输出时,产生多个实现。对模拟结果进行质量监控,通过与叠后反演的结果相比较,认为其反映砂体的展布、地质体规模大体一致,比较合理。

3) 地质统计学反演

地质统计学反演是从随机建模产生一系列储层模型中优选出与地震数据最匹配的储层模型,它是通过波阻抗将储层属型和地震记录相联系来估计油藏特征一个完整的反演过程,应用序贯模拟算法和模拟反演退火算法。在反演中,需要镶边层来消除反演的旁瓣效应。反演中两个重要参数是地震权重和子波,地震信息是通过设定信噪比来引入的。

$$\mathrm{dB} = 20\ln\left[\sigma_{\text{seismic}}/\sigma_{\text{noise}}\right]$$

式中,σ 为标准差;noise 可以理解为残差(即合成记录与地震数据的差值);seismic 可以理解为地震数据。由于地震数据是一定的,信噪比越高,表示残差越小,即合成记录和地震数据越相似。通过控制信噪比的大小来控制合成记录与地震的相关性。信噪比的大小通过稀疏脉冲反演的质量控制(QC)文件得到。这次地质统计学反演中,取值为 12dB。同时,填写了子波信息,反演时,应用稀疏脉冲反演中的多井提取的综合子波,并且用井来控制进行反演运算,计算并输出多个实现,并对产生多个实现进行统计分析。分析结果得到每一种岩性的概率体和一个极大似然岩性概率体和纵波阻抗体。

对反演结果进行检查,调出极大岩性概率体并且投上井的曲线进行抽井检查。在井上通过比较,极大似然岩性概率体与井上岩性曲线的吻合程度较好,井间岩性的连通性亦较好,符合地质沉积规律。将地质统计学反演的平均波阻抗体和叠后稀疏脉冲进行对比比较,看到两者所对应大套岩性的规模尺度反应大体一致。所不同是地质统计学反演结果能反映出更丰富的细节(图6.57~图6.59)。

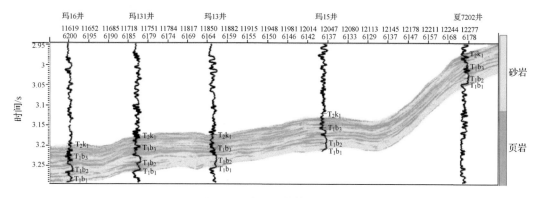

图 6.57　岩性概率体剖面图

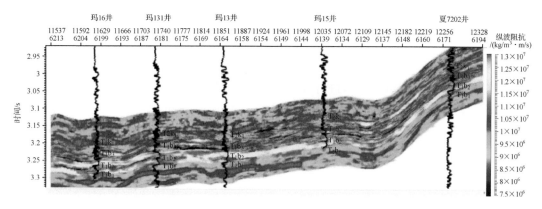

图 6.58　玛16-玛131-玛13-玛15-夏7202地质统计学反演波阻抗体剖面图

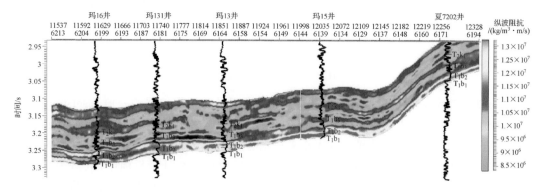

图 6.59　过玛16-玛131-玛13-玛15-夏7202叠后稀疏脉冲反演波阻抗体剖面图

4. 地质统计学协模拟

完成地质统计学反演之后,在得到多组等概率的合理的岩性体与纵波阻抗体实现的基础上,要进一步得到电阻率储层属性体。在进行地质统计学协模拟时,利用已得到的岩性体与纵波阻抗体,结合地质统计学参数中的纵波阻抗与电阻率两者之间的关系(云变换),在两者的基础上来计算电阻率属性体。与通过线性或多项式关系拟合纵波阻抗与电阻率关系相比,利用云变换计算电阻率,预测储层更为精确。

当波阻抗为 $10000g/cm^3 \cdot m/s$ 时,对应的电阻率值有红色双箭头线包括的范围那么多可能,但用多项式关系拟合时,一般取的是拟合线经过值,其他可能的值不考虑(图 6.60)。协模拟会将红色双箭头线包括的整个电阻率值范围都考虑进来,将这些可能的值作为一个概率分布来考虑,这种带着地质统计学观点的思路显然更科学。从而使更客观认识真实的储层属性成为可能。

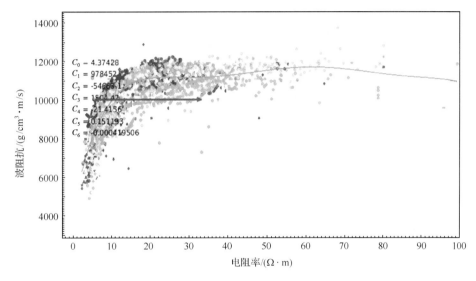

图 6.60　40 口井电阻率和波阻抗交会图

对反演结果进行分析(图 6.61～图 6.66):通过井的电阻率和地质统计学反演的电阻率剖面的标定,可以看出匹配关系好。有较高的分辨率,能够刻画储层的分布范围。经过

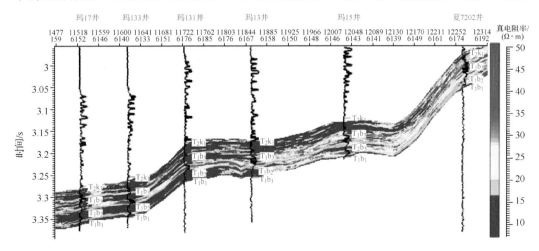

图 6.61　过玛 17-玛 133-玛 131-玛 13-玛 15-夏 7202 井协模拟反演电阻率剖面图

对百口泉组沉积的岩性、物性、电性、含油气性、试油成果及产能的分析,结合电阻率协模拟反演结果,将电阻率小于 $20\Omega \cdot m$ 的划为非储层,将电阻率大于 $20\Omega \cdot m$ 划分为储层。电阻率平面图较清楚地描述了储层发育区和非储层区。通过井的检验,与井的吻合程度达到 90%,但也存在着一些问题,在工区内存在着一些低电阻率油气井(如风南 4 井),因而,用电阻率来识别这些油气井存在一定的限制。为了解决这个问题,提高对油气藏的识别精度,因此采用多属性融合的方法。

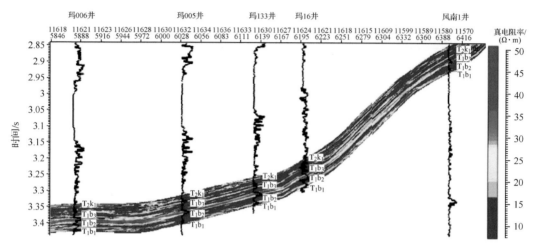

图 6.62　过玛 006-玛 005-玛 133-玛 16-风南 1 井协模拟反演电阻率剖面图

图 6.63　百口泉组二段平均电阻率平面图

图 6.64　百口泉组二段一砂组下段平均电阻率平面图

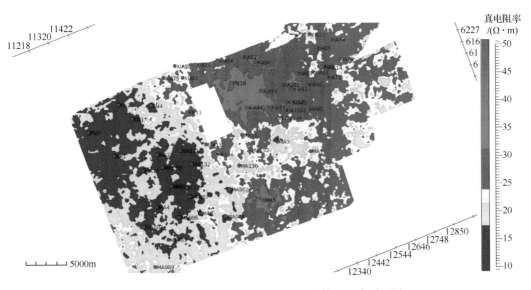

图 6.65　百口泉组二段一砂组上段平均电阻率平面图

6.6　平面沉积相展布

　　平面相带展布研究具有重要意义,它直接关系砂体的成因、展布、物性、非均质性等的变化特征,同样也是油田动态分析、剩余油研究的重要地质基础。在进行单井相划分、连井相对的基础上,结合沉积参数图,确定沉积相平面展布。

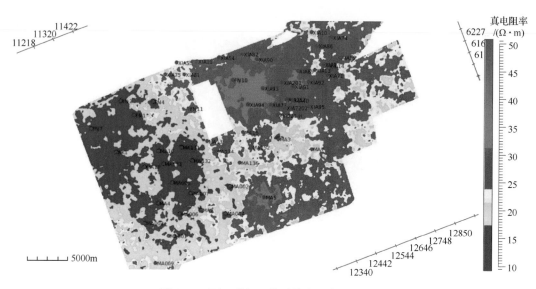

图 6.66　百口泉组三段平均电阻率平面图

6.6.1　沉积参数编图

　　含砾率是砂砾岩与砾岩等粗粒沉积物与地层厚度的比值,不同的沉积微相含砾率值有一定的差异。相邻地区内的具有相同含砾率为同一沉积微相,同时比值的大小也能够很好地指示沉积物沉积时距离物源的远近。将单井相分析的井与含砾率进行统计对比发现沉积相与含砾率值有一个对应关系:扇三角洲平原亚相主要出现在含砾率介于70%～90%的地区,扇三角洲前缘内带亚相的含砾率值介于50%～70%,扇三角洲前缘外带亚相的含砾率值介于30%～50%,小于30%则为前扇三角洲。这个标准在玛湖地区百口泉组应用时变化较小,具有较好的对应关系。从含砾率等值线图大致可以看到物源方向与扇体展布规律,为沉积相展布规律认识提供依据。

1. 百一段含砾率等值线

　　从含砾率等值线平面图来看,百一段时期砂砾岩分布范围较大。整体含砾率值的变化趋势与物源方向大致相同,顺着物源向湖方向,含砾率值逐渐减少(图6.67)。

　　夏子街扇含砾率值大于70%的高值区主要集中在玛北地区的夏10井—夏15井—玛7井一线;玛西地区的高值区在黄1井—黄3井—百75井一线,玛南和夏盐扇百一段地层遭受严重剥蚀,高值区范围较小。夏盐扇在夏盐井区,克拉玛依扇主要为小于70%的值区。在各个扇体的中部含砾率主要为30%～70%的区域。含砾率值小于30%主要位于湖区以及扇体朵体的间湾部位,如艾湖1井区。在湖盆区域,由于勘探井较少,资料缺乏,按已有钻遇井点值分析推测其含砾率值较低。

2. 百二段含砾率等值线

　　百二段时期,含砾率高值区与百一段位置变化不大,范围相对百一段缩小,而含砾率低值区较百一段增大。扇体边界在乌 36 井区、百 53 井区、克 012 井区等出现间湾。湖区范围进一步增加,如艾克 1 井区。各扇体在 30%～70%的中值区的范围较大。总体来看在百二段时期受到湖侵的影响,夏子街扇高值区范围减少,中值区相对变化不大,玛 131 井区及玛 15 井区仍为中值区,但扇体总体范围减少。黄羊泉扇变化规律同夏子街扇大致相同。克拉玛依扇整体变化不大,在扇体边界出现低值区。夏盐扇总体范围变化不大,高值区范围减少、中值区范围较大(图 6.68)。通过对含砾率等值线的整体变化,说明各个扇体具有稳定的物源方向,但由于受到水进影响,各个扇体出现不同程度的退积。

3. 百三段含砾率等值线

百三段时期,工区范围内含砾率低值区范围较大,扇体与扇体边界均为低值区,并且各个扇体含砾率整体变小。夏子街扇的高值区为夏 10 井区,玛 131 井与玛 15 井区周围均为低值区。黄羊泉扇高值区为黄 3 井区,玛 18 井区变为低值区。位于夏子街扇和黄羊泉扇间的艾湖 1 井区低值区范围增大。克拉玛依扇整体均为小于 70%的区域,其间为低值区分隔开。夏盐扇在百三段含砾率值较低均小于 60%,盐北 1 井区、夏盐 6 井区含砾率小于 30%(图 6.69)。通过对含砾率等值线的分析,百三段受到湖侵影响较大,含砾率变化趋势较大,扇体退积现象明显。

6.6.2　平面分布特征

沉积相的平面展布研究是在层序划分的基础上,通过统计研究区内 161 口探井的百口泉组三段的砂砾岩厚度及地层厚度,利用含砾率等值线平面分布,结合各种沉积相标志、单井相、岩心相、剖面相及录井统计分析结果,对沉积相在平面上的展布做出分析和划分,图 6.70 为环玛湖地区百口泉组沉积模式。

本书对研究区目的层 3 个段的沉积微相展布特征进行详细分析。扇三角洲环玛纳斯湖凹陷周围分布,分别为夏子街扇、黄羊泉扇、克拉玛依扇及夏盐扇四个区域扇体。根据该区域的特点,扇三角洲沉积储层以砂砾岩为主,扇三角洲前缘部位也以砂砾岩居多,也和一般意义的扇三角洲前缘有所区别,故将前缘二分为前缘内带和前缘外带。在平面上,受到湖侵的影响,扇体出现局部进积整体退积。从百一段到百三段扇体的规模随着湖侵范围的增大而变小。通过单井沉积相垂向的变化、连井沉积相剖面横向的变化以及三个时期的含砾率等值线的变化,反映出扇三角洲的演化规律。

1. 百一段沉积相平面展布

百一段沉积时期,夏子街扇发育大面积扇三角洲平原亚相,在风南 10 井—夏 81 井以南,夏 72 井—玛 134 井—玛 002 井以西发育扇三角洲前缘相带;黄羊泉扇,在黄 1 井—黄 3 井—百 75 井一线为平原相带,艾湖 2 井—玛 18 井区均位于前缘相带,玛 101 井区为夏子街扇和黄羊泉扇的叠合部位。艾克 1 井区位于前扇三角洲相;克拉玛依扇百一段沉积物在后期受到剥蚀,其百一段剩余部分主要是属于扇三角洲前缘;夏盐扇后期也遭受到严重剥蚀,玛东 1 井及玛东 2 井区均无百一段地层;夏盐 3 井区为平原相带,夏盐 2 井以西为

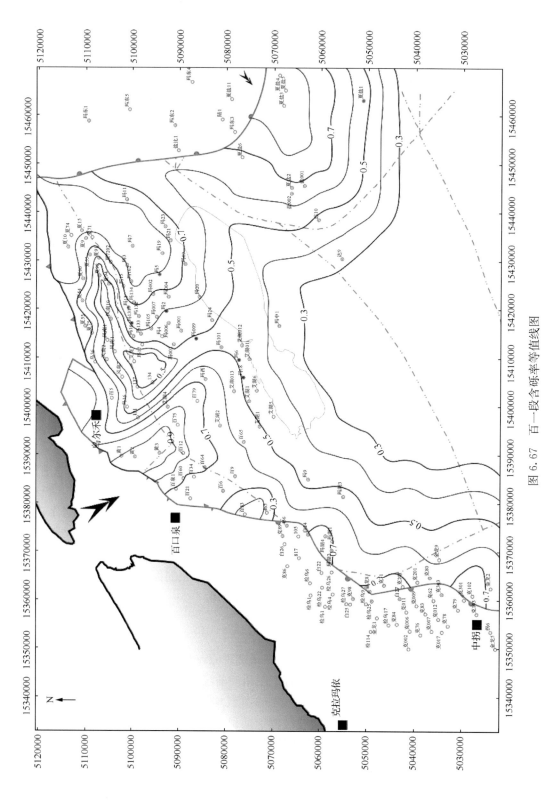

图 6.67　百一段含砾率等值线图

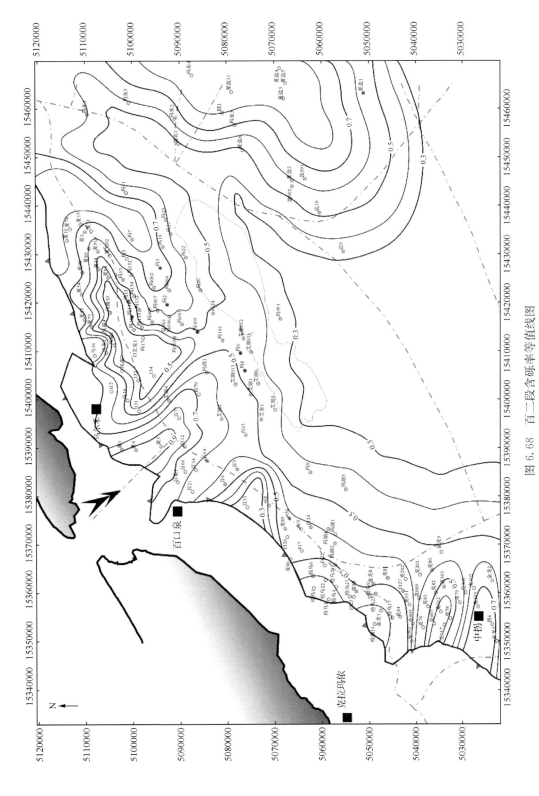

图 6.68　百二段含砾率等值线图

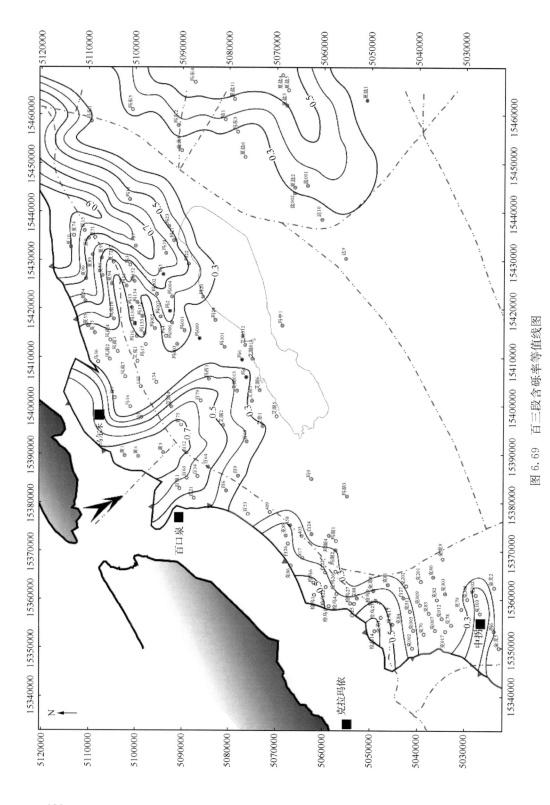

图 6.69 百三段含砾率等值线图

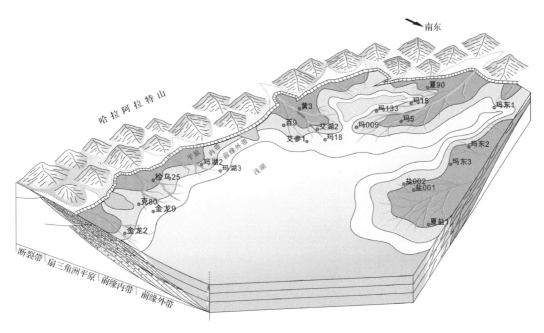

图 6.70　环玛湖地区百口泉组沉积模式

前缘相带。平原相带多发育碎屑水道及辫状水道,前缘内带以辫状分支水道为主,前缘外带发育水下分流河道和河口坝,此外前缘相带还有水下分流间湾分布(图 6.71)。

总体上,百一段夏子街扇和夏盐扇以扇三角洲平原最为发育,以碎屑流搬运为主,因此沉积产物以褐色、灰色碎屑流砾岩和砂砾岩为主。黄羊泉扇和克拉玛依扇主要发育扇三角洲前缘内带和外带为主,洪流与牵引流为主要沉积作用,沉积物以灰绿色中-细砾岩为主,是有利储层。

2. 百二段沉积相平面展布

百二段沉积时期,随着湖侵进的进一步发育,夏子街扇三角洲平原亚相向东北方向退缩,扇三角洲前缘亚相及浅湖相沉积面积都有所增大(图 6.72)。

在夏 90 井—夏 13 井—玛 3 井—玛 003 井一线以西及玛 002 井—玛 004 井以南均为扇三角洲前缘沉积,前缘砂体较为发育,为玛北油田的主力储层。黄羊泉扇在百二段时期,扇体规模变化不大,前缘砂体发育较好;玛 18 井区仍位于前缘相带内,受牵引流作用为主,主要为水下分流河道沉积,形成了很好储层,也为玛 18 井的高产打下了基础;而与夏子街扇之间的艾克 1 井区浅湖相范围变大。克拉玛依扇平原相带主要分布在金龙 1 井—白 25 井—检 22 井一线,其东边为前缘相带,在克 017 井区和百 53 井区出现水道间湾相沉积。夏盐扇在百二段时期较为发育,由三个扇体组成,自东北方向玛东 4 井—夏盐 11 井—夏盐 3 井一线为平原相带,西边为前缘相带主要分布位置,也是以后勘探的有利区域。整体来说,百二段时期 4 个扇体受到湖侵的影响,扇体的规模变小,主要体现在平原相带的变化,相对于前缘相带而言,范围变化不大。因此百二段以发育扇三角洲前缘相带为主,包括内带和外带,各个扇体均发育大面积的有利储层。

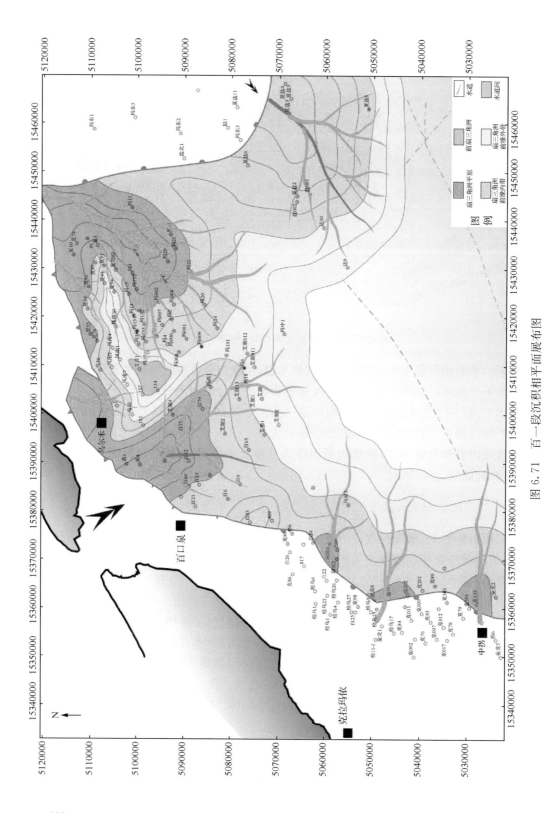

图 6.71　百一段沉积相平面展布图

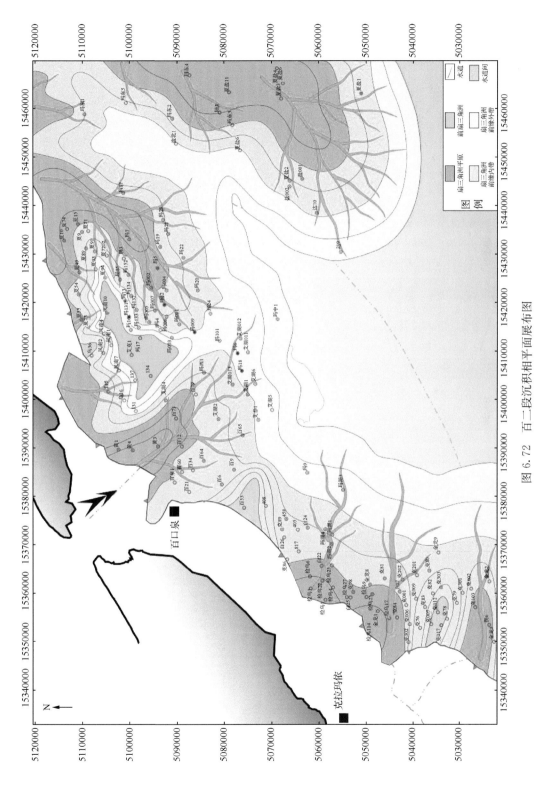

图 6.72　百二段沉积相平面展布图

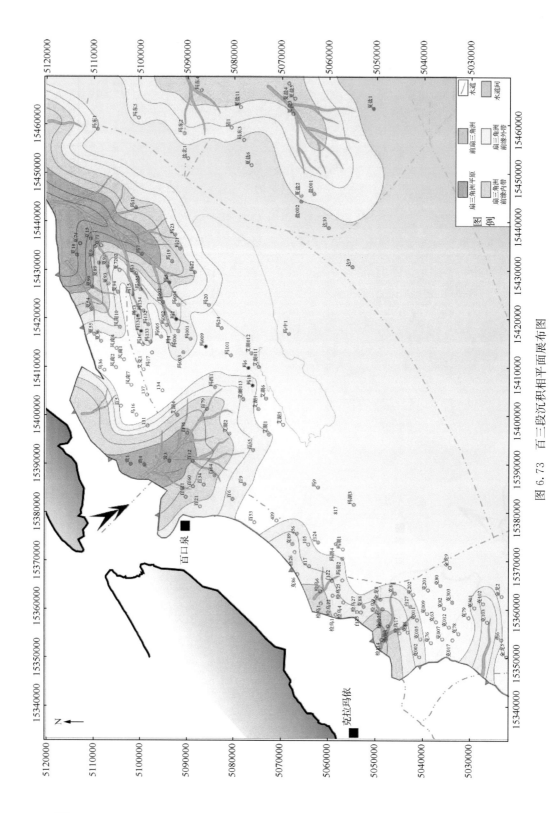

图 6.73　百三段沉积相平面展布图

3. 百三段沉积相平面展布

百三段时期,湖侵范围进一步加大,夏子街扇平原亚相已退缩至夏 61 井—夏 10 井—夏 15 井以东及玛 7 井一带,前缘相带的沉积范围也显著向东北方向退缩,滨浅湖沉积面积进一步增大。砂砾岩的颗粒变细,分选变好,沉积范围和厚度都有所减小。在扇体的前缘外带细粒沉积物的发育很明显。黄羊泉扇也向西北方向退积,玛 18 井区及玛 101 井区已变为前扇三角洲相带,岩性主要细砂岩、粉砂质泥岩、泥岩间互发育。克拉玛依扇受湖侵影响较大,扇体平原相近乎消失,主要为前缘相外带分布,玛湖 2 井区和克 81 井区均为前缘外带。砂砾岩颗粒变细,砂质含量增多。夏盐扇同样遭受较为严重的湖侵,扇体退缩范围较大。玛东 4 井—夏盐 6 井—夏盐 3 井一线平原相带沉积消失,为前缘内带。夏盐扇的岩性主要细粒岩,砂岩和泥岩间互,厚度也很薄(图 6.73)。

有利储集相带预测与勘探前景 第 7 章

7.1 有利储集相带

现有勘探成果表明,几乎所有的发现均集中在前缘亚相,百二段沉积期,湖侵造成湖面升高,使百二段顶部灰色砂砾岩沉积时经受了较强的淘洗,泥质岩屑和泥质杂基含量有所降低,物性相对较好,目前已发现的储量均落在扇三角洲前缘区域,也证明了前缘亚相是有利的勘探相带。同时老井复查,风南 4 井、夏 7202 井、夏 72 井老井恢复试油获得稳定工业油流进一步证实了前缘亚相是有利的沉积相带。

百一段有利储层主要分布于玛西黄羊泉扇前缘,尤其是前缘外带玛 18 井、艾湖 1 井周围;在玛北地区主要为扇三角洲前缘内带玛 131 井周围,玛南地区玛湖 1 井与克 80 井周围为有利储层分布区(图 7.1)。

百二段有利储层是有利储层分布的主要层段,分布范围广,玛北的扇三角洲前缘内带,具有连片发育的特征;玛南地区玛湖 1 井和克 202 井附近的主水道是有利储层展布区;玛西的玛 18 井周围有利储层分布范围较百一段有所减小;玛东地区有利储层主要分布于夏盐 2 井周围(图 7.2)。

百三段有利储层分布范围有限,仅在玛北地区的玛 16 井附近与玛东的夏盐 4 井周围有零星分布(图 7.3)。

7.2 勘 探 前 景

基于大量岩心观察描述及砂体对比与沉积相展布,研究表明,环玛湖凹陷百口泉组为油气聚集与生产受控于构造部位与岩相类型,而沉积作用决定了岩相类型。不同的沉积微相具有不同的主导沉积作用,因此,对沉积微相的预测,尤其是进行平面与空间的预测是勘探的方向。但环玛湖地区扇体发育规模大,非均质性强,且地震资料为多块叠合,这都为预测带来了难题。鉴于此,应加强三维地震的部署,尤其是现今玛湖地区可能是有利勘探区域,但三维地震难以采集,应想办法克服。另外,在沉积学方面,业已认识到前缘相带是有利相带,但是前缘内部也有好、有坏,应结合有效表征方法做细、做精,细化到微相级别的沉积相带展布,为勘探打井提供坚实的证据。最后,以于兴河教授总结的七律作为勘探前景建议:

断坡阶地碎屑流,沟谷地貌牵引流,薄厚砂砾油疑多,岩序研究为主流;
整体退积局部进,粗粒扇体规律定,多重因素控质量,沉积成因是核心;
玛北帚状物源足,玛西朵状山间走,玛南扇形山前布,内外成因定部署;
构造背景相带先,砾岩比例定界线,宏观退积微观进,分演并兼找前缘。

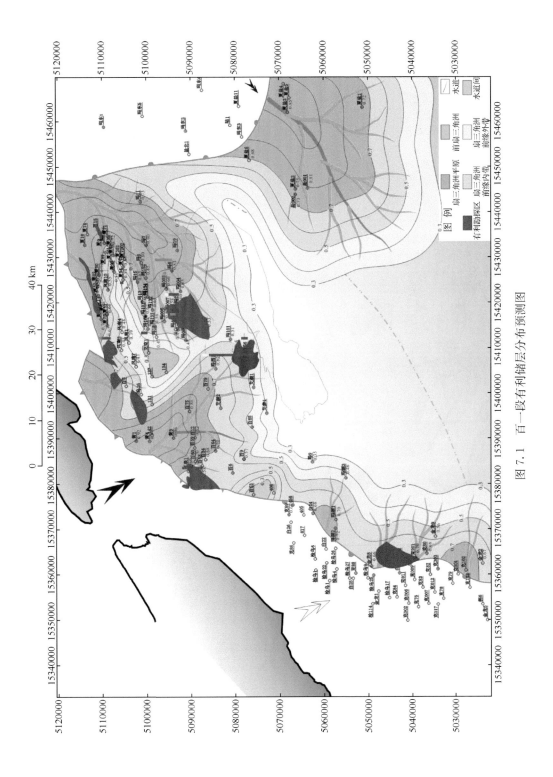

图 7.1　百一段有利储层分布预测图

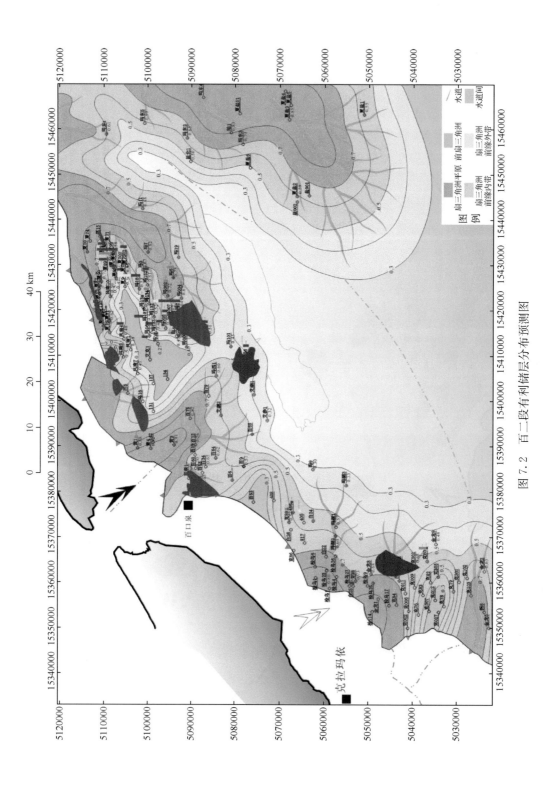

图 7.2 百二段有利储层分布预测图

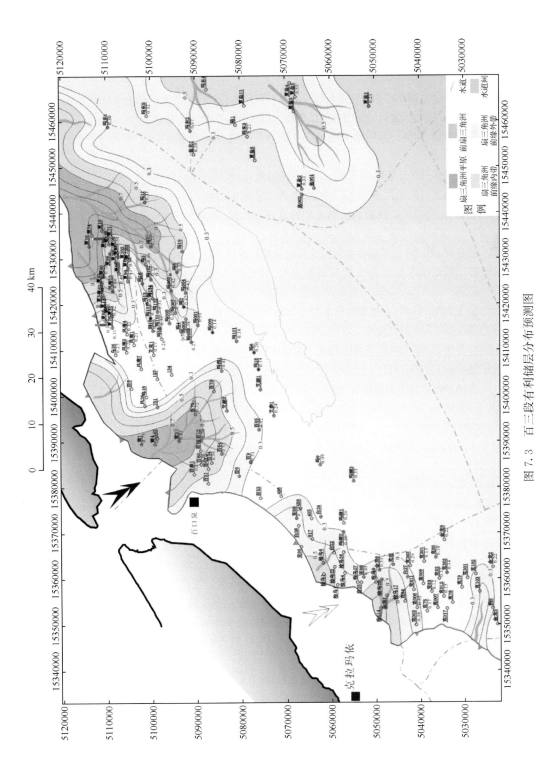

图 7.3　百三段有利储层分布预测图

主要参考文献

白国娟. 2009. 准噶尔盆地西北部构造特征与油气成藏关系研究. 西安:西北大学硕士学位论文.

蔡忠贤,陈发景. 2000. 准噶尔盆地的类型和构造演化. 地学前缘,7(4):431-440.

曹颖辉,池英柳,薛良清. 2002. 沉积基准面在层序划分及油气藏预测中的应用. 石油与天然气地质, 23(2):154-158.

陈发景,汪新文,汪新伟. 2005. 准噶尔盆地的原型和构造演化. 地学前缘,12(3):77-89.

陈国英,戴雪荣,张铭杰. 1995. 兰州"930505"特大尘暴沉积物重矿物研究. 中国沙漠,(4):374-377.

陈涛,王河锦,张祖青,等. 2005. 浅谈利用黏土矿物重建古气候. 北京大学学报(自然科学版),41(2): 309-316.

陈新,卢华复,舒良树,等. 2002. 准噶尔盆地构造演化分析新进展. 高校地质学报,8(3):257-267.

邓宏文,李熙哲. 1996. 层序地层地层基准面的识别,对比技术及应用. 石油与天然气地质,17(3): 177-184.

邓宏文,王红亮,王敦则. 2001. 古地貌对陆相裂谷盆地层序充填特征的控制——以渤中凹陷西斜坡区 下第三系为例. 石油与天然气地质,22(4):293-296.

邓宏文,马立祥,姜正龙,等. 2008. 车镇凹陷大王北地区沙二段滩坝成因类型,分布规律与控制因素研究. 沉积学报,26(5):715-724.

方世虎. 2006. 准噶尔盆地白垩系底砾岩与油气成藏的关系. 天然气工业,26(5):13-16.

冯建伟,戴俊生,葛盛权. 2008. 准噶尔盆地乌夏断裂带构造演化及油气聚集. 中国石油大学学报(自然 科学版),32(3):23-29.

韩宝福. 2007. 后碰撞花岗岩类的多样性及其构造环境判别的复杂性. 地学前缘,14(3):64-72.

韩宝福,何国琦,王式洸. 1999. 后碰撞幔源岩浆活动、底垫作用及准噶尔盆地基底的性质. 中国科学(D 辑:地球科学),29(1):16-21.

韩宝福,王学潮,何国琦,等. 1998. 西南天山早白垩世火山岩中发现地幔和下地壳捕虏体. 科学通报, 43(23):2544-2547.

何登发,尹成,杜社宽,等. 2004a. 前陆冲断带构造分段特征——以准噶尔盆地西北缘断裂构造带为例. 地学前缘,11(3):91-101.

何登发,陈新发,张义杰,等. 2004b. 准噶尔盆地油气富集规律. 石油学报,25(3):1-10.

何登发,翟光明,况军,等. 2005. 准噶尔盆地古隆起的分布与基本特征. 地质科学,40(2):248-261.

何东博,应凤祥,郑浚茂,等. 2004. 碎屑岩成岩作用数值模拟及其应用. 石油勘探与开发,31(6):66-68.

何国琦,陆书宁,李茂松. 1995. 大型断裂系统在古板块研究中的意义——以中亚地区为例. 高校地质学 报,(01):1-10.

胡霭琴,王中刚. 1997. 新疆北部地质演化及成岩成矿规律. 北京:科学出版社.

贾承造,赵政璋,杜金虎,等. 2008. 中国石油重点勘探领域——地质认识、核心技术、勘探成效及勘探方 向. 石油勘探与开发,35(4):385-396.

姜素华,林红梅,王永诗. 2003. 陡坡带砂砾岩扇体油气成藏特征——以济阳拗陷为例. 石油物探,42(3): 313-317.

揭育金,庄建民,黄泉祯,等. 2003. 闽西南"丁屋岭砾岩"地质特征及时代探讨. 福建地质,(01):13-20.

康玉柱.2011.准噶尔-吐哈盆地构造体系控油作用研究.北京：地质出版社.

孔凡仙.2000a.东营凹陷北带砂砾岩扇体勘探技术与实践.石油学报,21(5)：27-31.

孔凡仙.2000b.东营凹陷北部陡坡带砂砾岩体的勘探.石油地球物理勘探,35(5)：669-676.

雷振宇,鲁兵,蔚远江,等.2005.准噶尔盆地西北缘构造演化与扇体形成和分布.石油与天然气地质, 26(1)：86-91.

李春昱,汤耀庆.1983.亚洲古板块划分以及有关问题.地质学报,51(1)：1-10.

李德江,杨俊生,朱筱敏.2005.准噶尔盆地层序地层学研究.西安石油大学学报(自然科学版),20(3)： 60-66.

李丕龙.2010.准噶尔盆地构造沉积与成藏.北京：地质出版社.

李强,吴绍祖,屈迅,等.2002.试论准噶尔石炭纪-三叠纪重要气候事件.新疆地质,(03)：192-195.

李玮.2007.准噶尔西北缘造山带中生代盆地形成机制及构造演化.北京：中国地质科学院博士学位 论文.

李小陪,高志勇,李书凯,等.2013.库车前陆盆地上侏罗统—下白垩统砾岩特征与构造演化关系.沉积 学报,(6)：980-993.

刘传虎.2001.砂砾岩扇体发育特征及地震描述技术.石油物探,40(1)：64-72.

刘传虎.2006.压扭性盆地石油地质特征.新疆石油地质,27(6)：647-654.

刘传虎.2011.车镇凹陷层序地层学分析与隐蔽油气藏勘探.天然气勘探与开发,34(1)：1-4.

刘晖.2011.廊固凹陷大兴砾岩体沉积特征及成因.北京：中国地质大学(北京)博士学位论文.

刘晖,姜在兴,张锐锋,等.2012.廊固凹陷大兴砾岩体成因类型及其对油气的控制.石油勘探与开发, 39(5)：545-551.

路顺行,张红贞,孟恩,等.2007.运用 INPEFA 技术开展层序地层研究.石油地球物理勘探,42(6)： 703-708.

罗平,邓恂康,罗蛰潭.1986.克拉玛依油田八区下乌尔禾组砾岩的成岩变化及对储层的影响.石油与天 然气地质,7(1)：42-50.

孟家峰,郭召杰,方世虎.2009.准噶尔盆地西北缘冲断构造新解.地学前缘,16(3)：171-180.

孟元林,李娜,黄文彪,等.2008.辽河坳陷西部斜坡带南段新生界成岩相分析与优质储集层预测.古地 理学报,10(1)：33-41.

潘元林,宗国洪,郭玉新,等.2003.济阳断陷湖盆层序地层学及砂砾岩油气藏群.石油学报,24(3)： 16-23.

彭希龄.1994.准噶尔盆地早古生代陆壳存在的证据.新疆石油地质,15(2)：289-297.

钱程,韩建恩,余佳,等.2011.山西榆社盆地新近系马会组砾岩层砾组特征及其地质意义.现代地质, 25(4)：778-788.

丘东洲,李晓清.2002.盆—山耦合关系与成烃作用——以准噶尔西北地区为例.沉积与特提斯地质, 22(3)：6-12.

丘东洲,赵玉光.1993.西准噶尔界山前陆盆地晚期层序地层模式及其应用.岩相古地理,(6)：1-17.

邵雨,汪仁富,张越迁,等.2011.准噶尔盆地西北缘走滑构造与油气勘探.石油学报,32(6):976-984.

宋传春.2006.准噶尔盆地中部沉积体系及沉积特征.北京：地质出版社.

隋风贵.2003.断陷湖盆陡坡带砂砾岩扇体成藏动力学特征——以东营凹陷为例.石油与天然气地质, 24(4)：335-340.

王宝言,隋风贵.2003.济阳坳陷断陷湖盆陡坡带砂砾岩体分类及展布.特种油气藏,10(3)：38-41.

王建强,贾楠,刘池洋,等.2011.鄂尔多斯盆地西南部下白垩统宜君组砾岩砾组分析及其意义.沉积学报,29(2):226-234.

王金铎,于建国. 1998.陆相湖盆陡坡带砂砾岩扇体的沉积模式及地震识别. 石油物探,37(3):40-47.

王龙樟.1995.准噶尔盆地中-新生代陆相层序地层学探讨及其应用.新疆石油地质,16(4):324-330.

王伟锋.1999.准噶尔盆地构造分区和变形样式.地震地质,21(4):324-333.

蔚远江,胡素云,雷振宇,等.2005.准噶尔西北缘前陆冲断带三叠纪-侏罗纪逆冲断裂活动的沉积响应.
    地学前缘,12(4):424-435.

吴庆福.1986.准噶尔盆地发育阶段、构造单元划分及局部构造成因概论.新疆石油地质,7(1):29-37.

鲜本忠,徐怀宝,金振奎,等.2008.准噶尔盆地西北缘三叠系层序地层与隐蔽油气藏勘探.高校地质学
    报,14(2):139-146.

肖序常.1992.新疆北部及其邻区大地构造.北京:地质出版社.

闫长辉,王安,严曙梅,等.2010.砂砾岩扇体成藏过程的定量化分析——以东营凹陷胜坨油田为例.油气
    地质与采收率,17(1):9-11.

颜玉贵.1983.克-乌断裂形成机制与油气聚集.新疆石油地质,4(4):15-19.

杨经绥,周美付,胡旭峰.1995.西准噶尔不同时代蛇绿岩及其构造演化.岩石学报,11(增刊):63-71.

杨文孝,况军,徐长胜.1995.准噶尔盆地大油气田形成条件和预测.新疆石油地质,16(3):200-211.

尤绮妹,贺晓苏,刘继山,等.1992.准噶尔盆地各构造阶段的大地构造单元划分及含油气性.准噶尔盆地
    油气地质综合研究.兰州:甘肃科技出版社.

于兴河.2008.碎屑岩系油气储层沉积学(第二版).北京:石油工业出版社.

于兴河.2012.油田开发中后期储层面临的问题与基于沉积成因的地质表征方法.地学前缘,19(2):
    1-14.

于兴河,陈永峤.2004.碎屑岩系的八大沉积作用与其油气储层表征.石油实验地质,26(6):517-524.

于兴河,瞿建华,谭程鹏,等.2014.玛湖凹陷百口泉组扇三角洲砾岩岩相及成因模式.新疆石油地质,
    35(6):100-109.

袁选俊,薛良清,池英柳,等. 2003.坳陷型湖盆层序地层特征与隐蔽油气藏勘探——以松辽盆地为例.
    石油学报,24(3):11-15.

曾宜君,杨学俊,李云泉,等. 2004.川西前陆盆地南部中新生代砾岩的构造意义. 四川地质学报,24(4):
    198-201.

张功成,陈新发,刘楼军,等.1999.准噶尔盆地结构构造与油气田分布.石油学报,20(1):13-18.

张纪易.1980.克拉玛依洪积扇粗碎屑储集体.新疆石油地质,1(1):33-53.

张纪易.1985.粗碎屑洪积扇的某些沉积特征和微相划分.沉积学报,3(3):75-85.

张丽华,潘保芝,刘思慧,等.2012.梨树断陷东南斜坡带砂砾岩岩性识别方法研究.测井技术,36(4):
    370-372.

张舒亭,王锋.1998.廊固凹陷西部大兴砾岩体油气藏形成条件研究.西安石油学院学报,13(4):31-33.

张耀荣.1982.准噶尔盆地重磁力场特征与基底结构.新疆石油地质,3(5):1-5.

赵白.1992a.准噶尔盆地的基底性质.新疆石油地质,13(2):95-99.

赵白.1992b.准噶尔盆地的形成与演化.新疆石油地质,13(3):191-196.

赵澄林.1997.特殊油气储层.北京:石油工业出版社.

赵文智,何登发,池英柳,等.2001.中国复合含油气系统的基本特征与勘探技术.石油学报,22(1):6-13.

赵文智,胡素云,李建忠,等. 2013.我国陆上油气勘探领域变化与启示——过去十余年的亲历与感悟.
    中国石油勘探,18(4):1-10.

赵文智,张光亚,王红军,等. 2003.中国叠合含油气盆地石油地质基本特征与研究方法. 石油勘探与开

发,30(2)：1-8.

朱大岗,赵希涛,孟宪刚,等. 2002. 念青唐古拉山主峰地区第四纪砾石层砾组分析. 地质力学学报, 8(4)：323-332.

朱庆忠,李春华,杨合义.2003.廊固凹陷沙三段深层砾岩体油藏成岩作用与储层孔隙关系研究.特种油气藏,10(3)：15-17.

邹才能,陶士振,周慧,等. 2008. 成岩相的形成、分类与定量评价方法. 石油勘探与开发,35(5)：526-540.

邹才能,杨智,崔景伟,等.2013.页岩油形成机制、地质特征及发展对策.石油勘探与开发,40(1)：14-26.

邹才能,杨智,张国生,等.2014.常规-非常规油气"有序聚集"理论认识及实践意义.石油勘探与开发,41(1)：14-27.

Bauer B O, Davidson-Arnott R G. 2003. A general framework for modeling sediment supply to coastal dunes including wind angle, beach geometry, and fetch effects. Geomorphology,49(1)：89-108.

Benton M J, Newell A J. 2014. Impacts of global warming on Permo-Triassic terrestrial ecosystems. Gondwana Research,25(4)：1308-1337.

Birkeland P W. 1968. Mean velocities and boulder transport during tahoe-age floods of the Truckee River, California-Nevada. Geological Society of America Bulletin,79(1)：137-142.

Blair T C. 1987. Tectonic and hydrologic controls on cyclic alluvial fan, fluvial, and lacustrine rift-basin sedimentation, Jurassic-lowermost Cretaceous Todos Santos Formation, Chiapas, Mexico. Journal of Sedimentary Research,57(5)：715-722.

Boulton G S. 1978. Boulder shapes and grain-size distributions of debris as indicators of transport paths through a glacier and till genesis. Sedimentology,25(6)：773-799.

Cross T A. 1994. High-resolution stratigraphic correlation from the perspective of base-level cycles and sediment accommodation//Proceeding of northwestern Eurpean Sequence stratigraphy congress, 105-123.

Hart B S, Plint A G. 2003. Stratigraphy and sedimentology of shoreface and fluvial conglomerates: Insights from the Cardium formation in NW Alberta and adjacent British Columbia. Bulletin of Canadian Petroleum Geology,51(4)：437-464.

Hubert J F. 1960. Petrology of the Fountain and Lyons Formations, Front Range, Colorado Golden:Colorado School of Mines.

Hubert J F. 1962. A zircon-tourmaline-rutile maturity index and the interdependence of the composition of heavy mineral assemblages with the gross composition and texture of sandstones. Journal of Sedimentary Research,32(3)：440-450.

Kidder D L, Worsley T R. 2004. Causes and consequences of extreme Permo-Triassic warming to globally equable climate and relation to the Permo-Triassic extinction and recovery. Palaeogeography, Palaeoclimatology, Palaeoecology,203(3)：207-237.

Kiehl J T, Shields C A. 2005. Climate simulation of the latest Permian：Implications for mass extinction. Geology,33(9)：757-760.

Knoll A H, Bambach R K, Payne J L, et al. 2007. Paleophysiology and end-Permian mass extinction. Earth and Planetary Science Letters,256(3)：295-313.

Krézsek C, Filipescu S, Silye L, et al. 2010. Miocene facies associations and sedimentary evolution of the Southern Transylvanian Basin (Romania)：Implications for hydrocarbon exploration. Marine and

Petroleum Geology,27(1):191-214.

López-Blanco M, Marzo M, Burbank D W, et al. 2000. Tectonic and climatic controls on the development of foreland fan deltas: Montserrat and Sant Llorenç del Munt systems(Middle Eocene, Ebro Basin, NE Spain). Sedimentary Geology, 138(1): 17-39.

Looy C V. 2007. Extending the range of derived Late Paleozoic conifers: Lebowskia gen. nov. (Majonicaceae). International Journal of Plant Sciences, 168(6): 957-972.

Lucchitta B K. 1978. A large landslide on Mars. Geological Society of America Bulletin, 89(11): 1601-1609.

Maceachern J A, Hobbs T W. 2004. The ichnological expression of marine and marginal marine conglomerates and conglomeratic intervals, cretaceous western interior seaway, Alberta and northeastern British Columbia. Bulletin of Canadian Petroleum Geology,52(1): 77-104.

Marshak S. 2004. Salients, Recesses, Arcs, Oroclines, and SyntaxesA Review of Ideas Concerning the Formation of Map-view Curves in Fold-thrust Belts. 42(2): 131-156.

Marshak S, Repcheck J. 2004. Essentials of Geology. London:WW Norton.

Michaelsen P, Henderson R A. 2000. Facies relationships and cyclicity of high-latitude, Late Permian coal measures, Bowen Basin, Australia. International Journal of Coal Geology, 44(1): 19-48.

Nemec W. 1990. Aspects of sediment movement on steep delta slopes. Coarse-grained Deltas,10: 29-73.

Nemec W, Steel R J, Poreebski S J, et al. 1984. Domba Conglomerate, Devonian, Norway: process and lateral variability in a mass flow-dominated, lacustrine fan-Delta. Sedimentdogy of Gravels and Conglomerates-Memoir(10):295-320.

Posamentier H W, Vail P R. 1988. Eustatic controls on clastic deposition II-sequence and systems tract models. Special Publications of SEPM

Posamentier H W, Allen G P. 1993. Variability of the sequence stratigraphic model: Effects of local basin factors. Sedimentary geology, 86(1): 91-109.

Retallack G J, Krull E S. 1999. Landscape ecological shift at the Permian-Triassic boundary in Antarctica. Australian Journal of Earth Sciences,46(5): 785-812.

Retallack G J. 1995. Permian-Triassic life crisis on land. Science, 267(5194): 77-80.

Retallack G J, Veevers J J, Morante R. 1996. Global coal gap between Permian-Triassic extinction and Middle Triassic recovery of peat-forming plants. Geological Society of America Bulletin, 108(2): 195-207.

Royer D L, Berner R A, Montañez I P, et al. 2004. CO_2 as a primary driver of Phanerozoic climate. GSA Today, 14(3): 4-10.

Schmidt G A, Pemberton S G. 2004. Stratigraphy and paleogeography of a conglomeratic shoreline: The Notikewin Member of the Spirit River Formation in the Wapiti area of west-central Alberta. Bulletin of Canadian Petroleum Geology,52(1): 57-76.

Siebert R M, Moncure G K, Lahann R W. 1984. A theory of framework grain dissolution in sandstones: Part 2. aspects of porosity modification.

Singer A. 1984. The paleoclimatic interpretation of clay minerals in sediments:A review. Earth-Science Reviews, 21(4): 251-293.

Tye R S, Coleman J M. 1989. Depositional processes and stratigraphy of fluvially dominated lacustrine deltas: Mississippi delta plain. Journal of Sedimentary Research, 59(6):973-996.

Visher G S. 1969. Grain size distributions and depositional processes. Journal of Sedimentary Research, 39(3):1074-1106.

Wentworth. 1944. Potholes, pits, and pans: Subaerial and marine. Journal of Geology, 52(2):117-130.

Wignall P B, Twitchett R J. 1996. Oceanic anoxia and the end Permian mass extinction. Science, 272(5265): 1155.

Yagishita K. 1997. Paleocurrent and fabric analyses of fluvial conglomerates of the Paleogene Noda Group, northeast Japan. Sedimentary Geology, 109(1): 53-71.

Zonneveld J P, Moslow T F. 2004. Exploration potential of the Falher G shoreface conglomerate trend: Evidence from outcrop. Bulletin of Canadian Petroleum Geology, 52(1): 23-38.

岩心图版 附录

附录 1　颜色特征

1. 深褐色

百 65 井，T_1b_2，深褐色
泥质粉砂岩

百 65 井，T_1b_2，深褐色
含砾粗砂岩

百 65 井，T_1b_2，深褐色
中细砾岩

百 65 井，T_1b_2，深褐色
泥质细砾岩

百 65 井，T_1b_2，深褐色含
砾粉砂质泥岩

百 65 井，T_1b_2，深褐色
含砾粉砂质泥岩

2. 褐色

艾参1井，T_1b_1，褐色
中粗砾岩

艾参1井，T_1b_2，褐色
细砾岩

艾参1井，T_1b_3，褐色
砂质泥岩

艾参1井，T_1b_2，褐色
泥质细砾岩

艾参1井，T_1b_2，褐色泥质条带
和灰绿色细砾条带相间分布

玛134井，T_1b_{21}，褐色
泥质粉砂岩

3. 浅褐色

艾湖1井，T_1b_1，浅褐色
粉砂质泥岩

艾湖1井，T_1b_1，浅褐色
粉砂质泥岩

玛18井，T_1b_1，浅褐色
粉砂质泥岩

艾湖1井,T_1b_2,浅褐色
泥质粉砂岩

艾湖1井,T_1b_2,浅褐色
泥质粉砂岩

艾湖1井,T_1b_2,浅褐色
粉砂质泥岩

4. 红褐色

艾参1井,层位:T_1b_1,
红褐色粉砂质泥岩

艾参1井,层位:T_1b_1,
红褐色泥质粉砂岩

艾参1井,层位:T_1b_1,
红褐色泥质粉砂岩

艾参1井,层位:T_1b_1,
深褐色泥质粉砂岩

艾参1井,层位:T_1b_1,
红褐色粉砂质泥岩

艾参1井,层位:T_1b_1,
深褐色泥质粉砂岩

5. 灰绿色

金龙 8 井,层位:T_1b_1,
灰绿色中细砾岩

克 88 井,层位:T_1b_2,
灰绿色细砾岩

玛 001 井,T_1b_2,
灰绿色粗砂岩

玛 9 井,T_1b_3,
灰绿色中粗砂岩

夏 62 井,T_1b_1,
灰绿色中细砾岩

艾湖 013 井,T_1b_1,
灰绿色小中砾岩

6. 浅灰绿色

达 9 井,T_1b_2,浅灰
绿色粗砾岩

达 9 井,T_1b_2,浅灰
绿色中粗砾岩

达 9 井,T_1b_2,浅灰
绿色粗砾岩

达9井，T_1b_2，
灰绿色粗砂岩

达9井，T_1b_3，
灰褐色中粗砾岩

达9井，T_1b_3，
灰绿色中细砾岩

7. 其他颜色

克81井，T_1b_3，灰黑色
粗砂岩，油侵现象明显

克303井，T_1b_3，
灰黑色中粗砂岩

玛002井，T_1b_3，
灰色粗砂岩

克303井，T_1b_3，
灰黑色中粗砂岩

玛001井，T_1b_2，
灰色粗砂岩

克81井，T_1b_3，
灰黑色中细砾岩

附录 2　粒度特征

1. 粗砾岩

黄 3，T_1b_2，红褐色粗
砾岩，最大粒径 5.4cm

玛 132 井，T_1b_2，红褐色
粗砾岩，最大粒径 10.3cm

玛 152 井，T_1b_1，灰绿色
粗砾岩，最大粒径 8.7cm

玛 132 井，T_1b_2，灰绿色粗
砾岩，最大粒径 10cm

玛 002 井，T_1b_2，红褐色粗
砾岩，最大粒径 6.3cm

夏 9 井，T_1b_2，红褐色
粗砾岩，最大粒径 9cm

2. 大中砾岩

玛 002 井，T_1b_2，红褐色大
中砾岩，最大粒径 3.6cm

玛 006 井，T_1b_1，红褐色大
中砾岩，最大粒径 3.2cm

黄 4 井，T_1b_2，红褐色大中
砾岩，最大粒径 5.2cm

风南 10 井，T_1b_3，灰绿色大
中砾岩，最大粒径 3.9cm

黄 4 井，T_1b_2，红褐色大
中砾岩，最大粒径 4.5cm

夏 81 井，T_1b_2，灰绿色大
中砾岩，最大粒径 2.8cm

3. 小中砾岩

金龙 8 井，T_1b_1，灰绿色小
中砾岩，最大粒径 2.7cm

风南 10 井，T_1b_3，灰绿色小
中砾岩，最大粒径 2.2cm

风南 10 井，T_1b_3，灰绿色小
中砾岩，最大粒径 3.5cm

玛 002 井，T_1b_2，红褐色小
中砾岩，最大粒径 4cm

金龙 8 井，T_1b_1，灰绿色小
中砾岩，最大粒径 2.3cm

夏 62 井，T_1b_2，灰绿色小
中砾岩，最大粒径 2.4cm

4. 细砾岩

金龙 8 井，T_1b_1，
灰绿色细砾岩

金龙 8 井，T_1b_1，
灰绿色细砾岩

克井，T_1b_3，
深灰绿色细砾岩

克 88 井，T_1b_2，
灰绿色细砾岩

克 88 井，T_1b_2，
灰绿色细砾岩

克 88 井，T_1b_2，
灰绿色细砾岩

5. 粗砂岩

风南 10 井，T_1b_3，
灰白色粗砂岩

风南 10 井，T_1b_3，
灰白色粗砂岩

克 80 井，T_1b_2，
灰绿色粗砂岩

玛 002 井，T_1b_2，
红褐色粗砂岩

玛 001 井，T_1b_2，
灰绿色含砾粗砂岩

玛 001 井，T_1b_3，
灰绿色粗砂岩

6. 中细砂岩

达 9 井，T_1b_2，灰绿色
含砾中砂岩

风南 10 井，T_1b_3，
灰色中细砂岩

克 88 井，T_1b_3，绿色
含砾中砂岩

克 81 井，T_1b_2，
灰色中细砂岩

玛 001 井，T_1b_2，
灰绿色中细砂岩

玛 001 井，T_1b_2，
灰绿色中细砂岩

7. 泥岩

黄 3 井，T_1b_2，红褐色
粉砂质泥岩

玛 002 井，T_1b_3，红褐色
粉砂质泥岩

风南 10 井，T_1b_3，
红褐色粉砂质泥岩

玛 005 井，T_1b_3，
灰绿色泥岩

金龙 8 井，T_1b_1，红褐色
粉砂质泥岩

金龙 8 井，T_1b_1，红褐色
粉砂质泥岩

8. 正粒序

玛 19 井，T_1b_3，灰绿色
中粗砾岩，正粒序

夏 75 井，T_1b_2，红褐色
中细砾岩，正粒序

克 88 井，T_1b_2，红褐色
粉砂质泥岩，正粒序

玛 001 井，T_1b_1，红褐色
中粗砾岩，正粒序

玛 001 井，T_1b_1，红褐色
粗砾岩，正粒序

玛 001 井，T_1b_2，红褐色
中细砾岩，正粒序

9. 反粒序

玛 002 井，$T_1 b_{2+1}$，红褐色
中粗砾岩，反粒序

玛 18 井，$T_1 b_1$，中上部
灰绿色中粗砾岩，中下部
以极细砾为主，反粒序

玛 004 井，$T_1 b_2$，上部红褐
色中细砾岩，下部含砾粗砂，
砾石以细砾为主，反粒序

夏 89 井，$T_1 b_{22}$，上部灰
绿色中细砾岩，反粒序

玛 005 井，$T_1 b_{21}$，中下部
灰绿色含砾粗砂，上部
为细砾岩，反粒序

玛湖 2 井，$T_1 b_2$，灰绿色
中粗砾岩，反粒序

附录3 结构特征

1. 次圆状

艾湖1井,T_1b_1,灰绿色粗 砾岩,磨圆度较好,次圆状　　艾湖1井,T_1b_2,红褐色粗 砾岩,磨圆度较好,次圆状　　艾湖1井,T_1b_2,红褐色粗 砾岩,磨圆度较好,次圆状

玛132井,T_1b_{22},红褐色粗 砾岩,磨圆度较好,次圆状　　玛132井,T_1b_2,灰绿色粗 砾岩,磨圆度较好,次圆状　　玛132井,T_1b_2,红褐色粗 砾岩,磨圆度较好,次圆状

2. 次棱角状

艾湖1井,T_1b_2,红褐色中粗 砾岩,磨圆度差,次棱角状　　夏82井,T_1b_3,灰绿色含砾 粗砂岩,磨圆度差,次棱角状　　艾湖2井,T_1b_2,红褐色中细 砾岩,磨圆度差,次棱角状

艾湖 2 井，T_1b_2，红褐色粗
砾岩，磨圆度差，次棱角状

艾湖 1 井，T_1b_2，红褐色中粗
砾岩，磨圆度差，次棱角状

艾湖 1 井，T_1b_2，红褐色中粗
砾岩，磨圆度差，次棱角状

3. 分选性极差

艾湖 1 井，T_1b_1，灰绿色
中粗砾岩，分选性极差

艾湖 1 井，T_1b_1，灰绿色中
粗砾岩，分选性极差

艾湖 1 井，T_1b_2，灰绿色
中粗砾岩，分选性极差

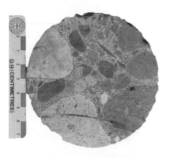

夏62井，T_1b_2，灰绿色
粗砾岩，分选性极差

玛132井，T_1b_{22}，红褐色
中粗砾岩，分选性极差

玛134井，T_1b_{21}，灰绿色
中粗砾岩，分选性极差

4. 分选性较差

玛19井，T_1b_3，红褐色
中细砾岩，分选性较差

玛001井，T_1b_2，红褐色
中粗砾岩，分选性较差

艾湖1井，T_1b_2，红褐色
中粗砾岩，分选性较差

玛132井，T_1b_{22}，灰绿色
中粗砾岩，分选性差

玛132井，T_1b_{22}，灰绿色
中粗砾岩，分选性差

玛湖3井，T_1b_2，灰绿色
中粗砾岩，分选性差

5. 分选性较好

艾湖1井,T₁b₂,灰褐色
砂砾岩,分选性较好

艾湖2井,T₁b₂,上部红褐
色中细砾岩,分选性较好

艾湖1井,T₁b₂,灰白色
砂砾岩,分选性较好

艾湖2井,T₁b₂,红褐色
细砾岩,分选性较好

玛湖3井,T₁b₂,灰绿色
中粗砾岩,分选性较好

玛湖3井,T₁b₂,灰绿色
中粗砾岩,分选性较好

6. 分选性好

克88井,T₁b₂,灰绿色
中细砾岩,分选性好

艾湖2井,T₁b₂,红褐色
中细砾岩,分选性好

艾湖2井,T₁b₂,红褐色
细砾岩,分选性好

艾湖 2 井，T_1b_2，灰绿色细   艾湖 2 井，T_1b_2，红褐色   艾湖 6 井，T_1b_1，灰绿色
砾极细砾岩，分选性好   中细砾岩，分选性好   细砾岩，分选性好

7. 同级颗粒支撑

艾湖 1 井，T_1b_1，红褐色极细   艾湖 1 井，T_1b_1，红褐色   艾湖 1 井，T_1b_1，红褐色
砾粗砂岩，同级颗粒支撑   细砾岩，同级颗粒支撑   泥质细砾岩，同级颗粒支撑

艾湖 1 井，T_1b_1，深灰绿色   艾湖 1 井，T_1b_1，深灰绿色极   艾湖 1 井，T_1b_1，深灰绿色
极细砾岩，同级颗粒支撑   细砾粗砂岩，同级颗粒支撑   极细砾岩，同级颗粒支撑

8. 多级颗粒支撑

艾湖 012，T_1b_2，灰绿色粗砾岩，分选性差，排列杂乱无规则，多级颗粒支撑

黄 3 井，T_1b_2，红褐色中粗砾岩，分选性差，砾石排列杂乱无规则，多级颗粒支撑

艾湖 1 井，T_1b_2，灰绿色中粗砾岩，分选性差，排列杂乱无规则，多级颗粒支撑

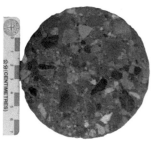

夏 62 井，T_1b_2，灰绿色中细砾岩，分选性差，多级颗粒支撑

夏 62 井，T_1b_2，灰绿色中细砾岩，分选性差，多级颗粒支撑

夏 62 井，T_1b_2，灰绿色中粗砾岩，分选性差，多级颗粒支撑

9. 砾石质支撑

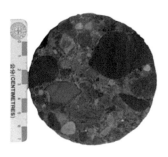

玛湖 3 井，T_1b_2，灰绿色中粗砾岩，分选性差，填隙物主要是极细砾岩，砾石质支撑

夏 62 井，T_1b_3，灰绿色粗砾岩，分选性差，填隙物主要为极细砾岩，砾石质支撑

夏 62 井，T_1b_3，灰绿色粗砾岩，分选性差，粗砂岩含量较高，砾石质支撑，局部砂质支撑

黄3井,T_1b_2,红褐色中粗砾岩,分选性差,填隙物为极细砾岩,砾石质支撑

艾湖2井,T_1b_2,红褐色粗砾岩,分选性差,填隙物为极细砾岩,砾石质支撑

艾湖1井,T_1b_1,灰绿色含粗砾岩,填隙物为极细砾岩,砾石质支撑

10. 砂质支撑

艾湖1井,T_1b_1,红褐色砾岩,排列杂乱无规则,砂质支撑

艾湖2井,T_1b_1,灰绿色中细砾岩,填隙物为极细砾粗砂,灰白色砂质较多,砂质支撑

艾湖1井,T_1b_2,灰褐色中细砾岩,填隙物以粗砂质为主,夹有细砾,砂质支撑

夏82井，T_1b_3，灰绿色中粗砾岩，分选性差，极细砾、粗砂含量较高，砂质支撑

玛2井，T_1b_1，红褐色中细砾岩，含较多粗砂，砂质支撑，局部多级颗粒支撑

夏82井，T_1b_3，灰绿色中粗砾岩，粗砂含量很高，多级颗粒支撑，砂质支撑

11. 基质支撑

艾湖2井，T_1b_2，灰绿色中粗砾岩，分选性差，泥质含量高，基质支撑

艾湖1井，T_1b_1，红褐色粗砾岩，分选性差，泥质含量高，基质支撑

玛003井，T_1b_1，红褐色中粗砾岩，分选性差，泥质含量高，基质支撑

玛001井，T_1b_1，红褐色中粗砾岩，大部分砾石悬浮状，泥质含量高，基质支撑

夏89井，T_1b_{21}，红褐色中粗砾岩，分选性差，泥质含量高，基质支撑

夏89井，T_1b_3，灰绿色中粗砾岩，分选性差，次圆状，填隙物泥质含量高，基质支撑

附录 4　沉积构造

1. 块状层理

艾湖 1 井, T_1b_2, 红褐色粗砾岩, 排列杂乱无规则, 可见长轴状砾石直立, 典型碎屑流成因, 块状层理

艾湖 1 井, T_1b_2, 红褐色中粗砾岩, 分选性差, 填隙物为细砾, 整体排列杂乱无规则, 块状层理

艾湖 2 井, T_1b_2, 红褐色粗砾岩, 分选性差, 排列杂乱无规则, 多级颗粒支撑, 块状层理

艾湖 2 井, T_1b_2, 灰绿色粗砾岩, 分选性差, 排列杂乱无规则, 块状层理

艾湖 1 井, T_1b_2, 红褐色中粗砾岩, 分选性差, 排列杂乱无规则, 多级颗粒支撑, 块状层理

艾湖 1 井, T_1b_1, 红褐色中粗砾岩, 分选性差, 排列杂乱无规则, 多级颗粒支撑, 块状层理

2. 槽状交错层理

艾湖 1 井，T_1b_2，灰绿色砂
砾岩，粗砂中见明显槽状
交错层理

艾湖 1 井，T_1b_2，灰绿色砂
砾岩，可见中细砾定向排列，
砾石层和砂质层间互呈槽状

艾湖井，T_1b_1，灰绿色粗砂岩，
可见明显槽状交错层理

克 81 井，T_1b_3，中上部灰绿色
粗砂质条带和灰色细砾条带
互层成槽状

艾湖 1 井，T_1b_1，灰褐色细
砾岩，可见槽状交错层理，
同级颗粒支撑

玛 002 井，T_1b_{2+1}，上部红褐色
中细砾岩，中下部含砾粗砂，
可见槽状交错层理

3. 递变层理

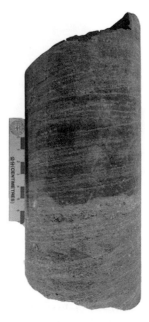

艾湖1井,T_1b_1,灰色砂砾岩,
上部以细砾极细砾岩为主,
下部细砂岩,递变层理

B:艾湖2井,T_1b_2,中上部红
褐色粗砂,质较纯,中下部
细砾岩,递变层理

艾湖2井,T_1b_2,下部灰色
粗砂,中上部红褐色中细
砂,质较纯,递变层理

艾湖1井,T_1b_1,灰褐色砂砾
岩,底部以细砾岩为主,中上
部砂质增多,递变层理

艾湖1井,T_1b_2,中下部灰褐色
中细砾岩,顶部深灰色细砂
岩,质纯,递变层理

艾湖1井,T_1b_2,底部红褐色
粉砂质泥岩,中上部灰
绿色砂砾岩,递变层理

4. 粒级层理

玛003井，T_1b_2，上部和下部为灰绿色中粗砾岩，中部可见灰褐色中细砂质条带，粒级层理

玛004井，T_1b_1，顶部红褐色中粗砾岩，中下部红褐色中粗砂，不夹砾石颗粒，粒级层理

玛004井，T_1b_3，灰绿色粗砂，中部和顶部含砾较多，以中细砾岩为主，粒级层理

玛006井，T_1b_1，顶底都是红褐色中粗砾岩，中部可见粗砂质条带，粒级层理

克80井，T_1b_2，中上部灰绿色中粗砾岩，下部可见灰绿色粗砂质条带，粒级层理

艾湖2井，T_1b_2，灰褐色粗砂质细砾岩，砾石分选性好，砂质较多，可见深灰色粗砂质条带，粒级层理

5. 冲刷面

玛003井，T_1b_2，上部红褐色中细砾岩，下部红褐色粉砂质泥岩，有明显冲刷面

玛18井，T_1b_3，中下部红褐色粉砂质泥岩，上部灰绿色中细砂岩，有明显冲刷面

艾湖1井，T_1b_1，中下部深灰色泥质粉砂岩，上部红褐色中细砾岩，有明显冲刷面

玛9井，T_1b_1，中上部红褐色中粗砾岩，底部红褐色粉砂质泥岩，有明显冲刷面

玛6井，T_1b_1，中下部红褐色粉砂质泥岩，上部灰绿色中粗砾岩，有明显冲刷面

艾湖1井，T_1b_1，中上部深灰绿色中细砾岩，底部可见灰褐色泥岩，有明显冲刷面

6. 截切构造

艾湖1井，T_1b_1，中下部灰绿色细砾岩，上部以灰色砂质为主，可见截切构造

玛002井，T_1b_3，下部红褐色中粗砾岩，分选性差，中上部灰绿色粗砂，可见截切构造

艾湖1井，T_1b_1，上部灰褐色粉砂质泥岩，质较纯，下部出现大量砾石，可见截切构造

玛002井，T_1b_3，下部红褐色粗砾岩，中上部红褐色粗砂，可见截切构造

玛18井，T_1b_1，红褐色中细砾岩，粗砂质含量较高，顶部灰绿色粉砂质泥，可见截切构造

玛15井，T_1b_{21}，下部灰绿色中粗砾岩，上部红褐色粉砂质泥岩，可见截切构造

7. 叠瓦状构造

艾湖1井，T_1b_1，灰绿色砾石，
可见砾石定向排列，底部
出现叠瓦状构造

艾湖2井，T_1b_2，红褐色中粗
砾岩，填隙物为极细砾粗砂，
局部可见叠瓦状构造

艾湖1井，T_1b_2，红褐色中粗
砾岩，偶见叠瓦状构造

玛19井，T_1b_3，红褐色中粗砾岩，填隙物主要是
极细砾岩，局部可见叠瓦状构造